山东省高等教育名校建设工程课程改革教材

水利水电工程管理专业综合职业能力训练

尹红莲　杨永振　闫德强　等著

黄河水利出版社
·郑州·

内容提要

本书为山东省高等教育名校建设工程、山东省财政支持重点建设专业——水利水电工程管理专业课程改革系列教材之一，是本着高职教育的特色，依据山东省特色名校建设方案和水利水电工程管理专业人才培养目标和培养方案，结合作者多年的教学经验编著而成的。全书共分四个实训项目：水利工程项目招标方案与组织模式设计、水利工程施工投标文件编制、工程建设项目信息化管理、顶岗实习，每个实训项目都以真实的工程项目为基础，力求突出实用性。

本书既可作为高职水利水电工程管理专业学生培养综合职业能力的教材，也可供高职高专水利工程、水利水电建筑工程、灌溉与排水工程等相近专业学生和工程技术人员参考。

图书在版编目(CIP)数据

水利水电工程管理专业综合职业能力训练/尹红莲等著.—郑州：黄河水利出版社，2015.5

山东省高等教育名校建设工程课程改革教材

ISBN 978-7-5509-1127-7

Ⅰ.①水… Ⅱ.①尹… Ⅲ.①水利水电工程-工程管理-高等学校-教材 Ⅳ.①TV

中国版本图书馆 CIP 数据核字(2015)第 102050 号

组稿编辑：王路平　电话：0371-66022212　E-mail：hhslwlp@163.com

出 版 社：黄河水利出版社

地址：河南省郑州市顺河路黄委会综合楼 14 层　邮政编码：450003

发行单位：黄河水利出版社

发行部电话：0371-66026940、66020550、66028024、66022620(传真)

E-mail：hhslcbs@126.com

承印单位：河南承创印务有限公司

开本：787 mm×1 092 mm　1/16

印张：6

字数：140 千字　印数：1—1 500

版次：2015 年 5 月第 1 版　印次：2015 年 5 月第 1 次印刷

定价：15.00 元

前 言

本书是依据中央财政支持提升社会服务能力重点建设专业和山东省高等教育名校建设工程重点建设专业——水利工程专业和水利水电工程管理专业的人才培养方案和课程建设目标要求，并按照国家及行业有关水利水电工程的新规范、新法规、新标准编写完成的。在吸收有关教材和技术文献资料精华的基础上，充实了新思想、新理论、新方法和新技术；以“工学结合”为主线，以培养学生的实践动手能力为目标，不过分苛求学科的系统性和完整性，注重学生职业能力训练和综合素质培养，体现了高等职业教育的特点，突出了适用性、实践性、创新性的教材特色。

教育部《关于加强高职高专教育人才培养工作的意见》以及教育部部长周济 2006 年 11 月 13 日在国家示范性高等职业院校建设计划视频会议上的讲话中都强调了高职教育的培养目标，是以培养技术应用能力为主，加强实训教学环节和实习。《国务院关于加快发展现代职业教育的决定》（国务院〔2014〕19 号）中也指出“坚持校企合作、工学结合，强化教学、学习、实训相融合的教育教学活动。推行项目教学、案例教学、工作过程导向教学等教学模式。加大实习实训在教学中的比重，创新顶岗实习形式，强化以育人为目标的实习实训考核评价”。本书正是按照上述国家高职教育的指导意见和决定，本着高职教育的特色，依据山东省特色名校建设方案和水利水电工程管理专业人才培养目标和培养方案，结合作者多年的教学经验编著而成的。这对于培养学生的实践能力、创新能力、职业能力有着重要的作用。

本书是与合作企业人员共同编著的校企合作、工学结合特色教材，突出体现了三个特点：一是在整体内容编排上，以学生所从事的职业岗位要求的职业能力，按照人才培养方案进程设计了四个实训项目，每个实训项目以实际工程项目为载体，以典型工作任务为引领，以实际工作流程为依据，形成了特色鲜明的项目化教材内容体系，便于“教、学、练”一体化教学模式的实施；二是将有关行业标准及毕业生职业岗位的具体要求融于教学内容，充分体现教材内容与生产实际相融通，与岗位技术标准相对接，增强了实用性；三是以技术应用能力为核心，将理论知识学习与能力培养置于实际情境之中，突出工作过程技术能力的培养和经验性知识的积累，增强学生的实际操作能力。

全书共分四个实训项目：水利工程项目招标方案与组织模式设计、水利工程施工投标文件编制、工程建设项目信息化管理、顶岗实习。本课程可在第三学年进行。

本书由尹红莲、杨永振、闫德强等著，全书由尹红莲统一规划和统稿。编写人员分工如下：山东水利职业学院尹红莲（项目 1、项目 2(2. 1、2. 3 ~ 2. 9)），山东水利职业学院杨永振（项目 4），上海普华项目管理公司事业部黄雷（项目 3），山东省南水北调建设管理局闫德强研究员（项目 2(2. 2)）。

本书的出版得到了山东水利职业学院水利系、教务处、名校建设办及黄河水利出版社的大力支持,在此一并致谢!

由于作者水平所限,编写时间仓促,书中错误和疏漏在所难免,敬请广大读者批评指正。

作　者

2015 年 1 月

目 录

项目1 水利工程项目招标方案与组织模式设计

1.1 概 述

一、实训目的

该实训项目是水利水电工程管理专业的重要学习领域,为了加强学生对基本原理的理解和应用,培养学生独立分析问题和解决问题的能力,在“工程项目管理”课程学习后,安排该项目综合实训,以提高学生的综合能力。同时该综合实训又是知识深化、拓宽的重要过程,也是对学生综合素质与工程实践能力的全面锻炼。通过综合实训,着重培养学生综合分析和解决问题的能力,以及严谨、扎实的工作作风,为学生将来走上工作岗位,顺利完成设计任务奠定基础。

本综合实训目的是,通过进一步的设计训练,使学生熟悉项目管理的基本原理和方法,具备招标设计和组织机构设计的基本技能;能够根据不同工程的情况,正确地进行分标,并学会利用各种设计资料。

二、实训要求

(1)学生应严肃对待设计资料,不得自行增减或修改;

(2)每个学生应独立完成,对抄袭、代做等行为除严肃批评外,该设计以不及格论;

(3)学生应充分发挥自己的独立工作能力,有自己独创的见解。

三、实训成果

实训结束,学生应提交实训报告一份,内容包括工程概况、设计依据、设计主要成果。对设计成果要有充分论证性说明或计算过程,必要时需要用适当的图表加以描述。报告不能少于2万字。

四、实训任务

本设计是受项目业主的委托,对工程项目的分标、管理组织、施工规划等方面作出设计,为工程项目业主的管理和招标提供支持。具体任务如下。

(一)研究工程资料,进行招标策划

(1)确定招标程序。

(2)确定招标方式。

(3)确定标段的划分(采用分项直接发包方式)。

(二)根据工程特点和管理组织的基本原理,设计本工程项目的管理组织机构

(1)设计组织机构的框图及管理层次。

(2)确定组织机构人数。

(3)确定各部门的岗位职责。

(三)项目管理软件练习

利用项目管理软件进行本项目的管理。具体操作步骤和方法见项目三。

1.2 工程项目基本资料

一、工程概况

工程地处我国某河流上,为一发电为主兼顾灌溉、防洪的水利枢纽工程。为黏土心墙砂壳坝,坝高81 m,坝顶长度370 m,设计正常高水位为100 m,校核洪水位为102 m。溢洪道布置在距坝1 km的左岸凹口处,为开敞槽式,顶高程20 m,总宽64 m,出口采用差动式鼻坎挑流消能。引水式电站布置在右岸,引水洞长525 m,直径7 m。厂房安装5万kW的机组2台。

二、工程基本条件和建设要求

(一)坝址地形、地质及当地材料

坝址处流域面积2 610 km^2,坝址以上河流全长104 km,其中50 km为通航河道,常年有载重5～10 t木船和竹木筏过坝。坝址两岸系高山,山坡较陡。坝址河谷宽约200 m,河底高程25 m。两岸覆盖层较薄,基岩为石英砂岩(Ⅹ级);河床岩基较好,两岸岩石节理发育,风化较深。河床砂砾覆盖层厚为0～3 m,平均1.5 m,坝址上下游均为宽阔冲积台地,在上下游3～7 km的台地和河滩上,有满足筑坝要求的大量砂砾料(Ⅲ类土)。采取水上砂砾,平均运距为5.5 km;如就近采取水下砂砾,平均运距为3.5 km。黏土料(Ⅲ类土)在左岸下游7 km的王家村,高程为40～50 m,储量丰富,质量满足设计要求。

(二)气象与水文

该工程位于华东,气候温和,雨量充沛,每年5～10月降雨较多,属温带多雨气候,按水文规律分为枯水期和洪水期(包括梅雨期与台风期),其界限不明显。一般11月至次年4月底为枯水期,5～10月为洪水期,其中5、6两个月的降雨量最大,占全年雨量的30%;该河流属山区型河流,洪水暴涨暴落,最大流量高达8 290 m^3/s,最小流量只有7～8 m^3/s,相差上千倍。

根据设计需要,给出下列水文、气象资料:

(1)各月最大瞬时流量,见表1-1;

(2)典型年逐月平均流量,见表1-2;

(3)坝区各量级降雨天数、极端气温天数统计表,见表1-3和表1-4。

表1-1 各月最大瞬时流量 (单位:m³/s)

频率(%)	1月	2月	3月	4月	5月	6月	7月	8月	9月	10月	11月	12月	全年
1	1 860	1 670	2 440	3 780	5 530	8 290	5 060	7 550	4 840	2 335	3 065	2 070	8 290
2	1 680	1 330	2 190	3 300	4 920	7 460	4 350	6 350	3 840	2 020	2 500	1 780	7 400
3	1 500	1 140	1 920	2 800	3 250	6 150	3 380	4 740	3 350	1 540	1 770	1 195	6 150
4	930	940	1 250	2 000	2 700	4 990	2 660	3 390	2 710	1 160	1 230	8 230	4 990

表1-2 典型年逐月平均流量 (单位:m³/s)

频率	1月	2月	3月	4月	5月	6月	7月	8月	9月	10月	11月	12月	全年
平水年(50%)	19.8	80.0	71.8	86.3	122.5	227	134.8	92.8	73.7	91.7	23.9	27.6	89.8
丰水年(1%)	28.0	75.4	89.9	134	489	529	276	103	182	91.8	40.7	32.7	172.6
枯水年(80%)	11.5	13.9	61.0	81.7	114	163	102.4	88.9	72.9	71.8	17.0	15.3	67.8

表1-3 坝区各量级降雨天数统计表 (单位:d)

日降雨量(mm)	1月	2月	3月	4月	5月	6月	7月	8月	9月	10月	11月	12月	全年
<5	5	8	8	6	9	6	5	6	7	5	5	3	73
5~10	3	3	3	3	2	2	2	4	1	2	3	3	31
10~30	3	4	4	5	6	5	3	2	4	2	1	1	40
>30	1	0	1	1	3	2	2	1	2	1	0	0	14
合计	12	15	16	15	20	15	12	13	14	10	9	7	158

表1-4 坝区极端气温天数统计表 (单位:d)

气温(℃)	1月	2月	3月	4月	5月	6月	7月	8月	9月	10月	11月	12月	全年
>30	0	0	0	0	0	3	10	4	1	0	0	0	18
<0	12	10	0	0	0	0	0	0	0	0	0	5	17
< -5	5	3	0	0	0	0	0	0	0	0	0	1	9
< -20	0	0	0	0	0	0	0	0	0	0	0	0	0

(三)施工力量及施工设备

施工单位的大坝砂壳最大施工能力为10 000 m³/d。技术设备限在施工单位已有的设备中选用，数量不限，“三材”由业主统一采购。

（四）建议导流方案

在坝型比较阶段，对该土坝枢纽的施工导流方案建议采用隧洞导流，并考虑上游土石围堰与坝体结合，以节省导流工程费用。

（五）建设工期

主体工程工期暂定为4年，第1年准备，第2年开工，第4年年底前发电（初始发电水位为80 m）。工程总投资34亿元人民币，美元对人民币的汇率为1∶6.5。

（六）交通状况

工程所在地有一条2级公路与省级公路相交。

三、项目分解表

根据工程的实际情况，其项目分解表如表1-5所示。

表1-5 项目分解表

序号	工程项目			工作量		工期（月）
				单位	数量	
1	施工准备			万 m^3	21.2	
2	导流工程	进出口明渠开挖		万 m^3	19.6	
3		导流洞开挖		万 m^3	8.3	
4		导流洞衬砌		万 m^3	15.2	
5		封堵		万 m^3	9.6	
6		下游围堰		万 m^3	7.5	
7	大坝及溢洪道	基坑排水		万 m^3	12.8	
8		基坑开挖		万 m^3	12.1	
9		基坑混凝土		万 m^3	7.3	
10		帷幕灌浆		万 m^3	10.5	
11		大坝填筑	Ⅰ期上游围堰	万 m^3	13.1	
12			Ⅱ期到Ⅲ期封口	万 m^3	589.6	
13			Ⅳ期发电时加高	万 m^3	2	
14		护面工程		万 m^3	3	
15		溢洪道工程		万 m^3	19.2	
16	发电工程	引水洞	开挖	万 m^3	3.6	
17			浇注	万 m^3	1.6	
18			回填灌浆	m^2	0.7	
19			固结灌浆	m^2	1.0	
20			闸门及设备安装	扇	8	
21		厂房	土石方开挖	万 m^3	1.9	
22			混凝土浇筑	万 m^3	2.9	
23			机组安装	台	2	
24			开关站土建	万 m^3	1.5	

1.3 任务一 招标方案设计

一、熟悉资料

学生在拿到设计资料后，首先要熟悉设计资料，明确本次设计的任务，对工程有全面的了解。

二、招标方式选择

根据《中华人民共和国招标投标法》规定，并结合工程项目的特点，在论证现有招标方式优缺点及适用条件的基础上，选择本工程应采用的招标方式。

目前国际上常采用的招标方式有以下三种。

（一）公开招标

公开招标亦称无限竞争性招标。由招标人依据《中华人民共和国招标投标法》的有关规定，在国内外主要报纸、招标网、电视台等公开的媒介上发布招标广告，凡对此招标工程项目有兴趣的承包商均有同等的机会购买资格预审文件，并参加资格预审，预审合格后均可购买招标文件进行投标。

这种方式可以为一切符合条件的有能力的承包商提供一个平等的竞争机会，促使承包商加强管理、提高工程质量和降低工程成本，使招标人在众多的投标人中选择一个比较理想的承包商，有利于降低工程造价、保证工程质量和缩短工期。但由于参与竞争的承包商可能有很多，会增加资格预审和评标的工作量。

（二）邀请招标

邀请招标亦称有限竞争性选择招标。这种方式不发布广告，而是业主根据自己的经验和所掌握的有关承包商的各种信息资料，对那些被认为有能力，而且信誉好的承包商发出邀请，请他们来参加投标。一般邀请5～10家（但不能少于3家）前来投标。

这种招标方式花费精力少，省时。但由于经验和信息资料有一定的局限性，有可能漏掉一些在技术上、报价上有竞争力的后起之秀。

（三）议标

议标亦称非竞争性招标或指定性招标。这种方式是招标人邀请一家，最多不超过两家承包商来直接协商谈判。实际上是一种合同谈判的形式。这种方式适用于工程造价较低、工期紧、专业性强或军事保密的工程。其优点是可以节省时间，容易达成协议，迅速开展工作。

但我国招标投标法规定，我国的招标方式只有公开招标和邀请招标两种形式。

二、拟定招标程序

根据《中华人民共和国招标投标法》规定，拟定本项目的招标程序。可参考图1-1所示流程，拟定出每一程序的具体时间安排。

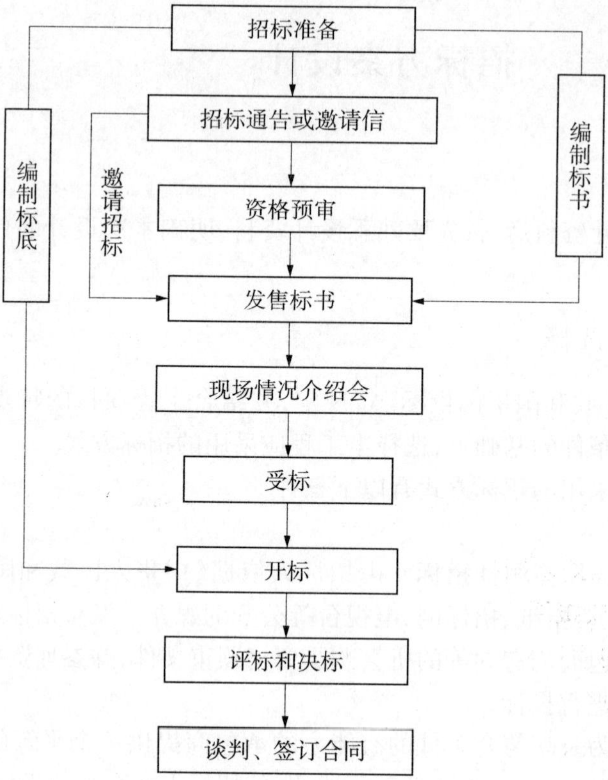

图 1-1　建设项目施工招标程序

三、工程招标内容范围

应该正确描述、界定工程数量与边界,工作内容与周围的分工、衔接、协调等条件。

四、招标标段的划分

根据分标的原则,并结合给定的项目分解表,对标段进行定性划分。

(一)分标主要考虑的因素

(1)工程特点和施工特点;

(2)对工程造价的影响;

(3)施工进度安排;

(4)施工现场的地形地貌和主体建筑物的布置;

(5)资金筹措的情况。

(二)分标原则

(1)子项工程施工特性差异大时,尽量单独招标;

(2)独立性较强的子项工程宜首先进行单独招标;

(3)相邻两标的施工干扰尽量要少;

(4)分标多少必须统筹考虑。

五、投标资格要求

按照招标项目及其标段的专业、规模、范围与承包方式，依据有关企业资质管理规定初步拟定投标人的资质、业绩标准。

六、工程招标顺序

工程施工招标顺序应按工程设计、施工进度的先后次序和其他条件，以及各单项工程的技术管理关联度统筹安排。

根据工程施工总体进度顺序确定工程招标顺序，一般是：施工准备工程在前，主体工程在后；制约工期的关键工程在前，辅助工程在后；土建工程在先，设备安装在后；结构工程在先，装饰工程在后；制约后续工程在前，紧前工程在后；工程施工在前，工程货物在后，但部分主要设备应在工程施工之前招标，以便据此确定工程设计或施工的技术参数。工程招标的实际顺序应结合工程施工的特点、条件和需要确定。

七、工程质量、价格、进度需求目标

必须全面、正确地分析把握招标工程建设项目的功能、特点和条件，依据有关法规、标准、规范，项目审批、设计文件，以及实施计划等要求，科学合理设定工程建设项目质量、造价、进度和安全、环境管理的需求目标。这是编制和实施招标方案的主要内容，也是设置和选择工程招标的投标资格条件、评标方法、评标因素和标准、合同条款等相关内容的主要依据。

1.4 任务二 工程项目的管理组织机构设计

一、组织机构模式的设计

在论述组织结构类型的优缺点和适用条件的基础上，根据本工程的特点选择相应的组织模式。

项目管理组织形式的设计，应遵循集中与分权统一、专业分工与协作统一、管理跨度与分层统一、权责一致、才职相称、效率和弹性的原则。同时，还应考虑工程项目的特点、工程项目承发包模式。常用的项目管理组织形式有直线制、职能制和矩阵制。

（一）直线制项目管理组织

直线制是早期采用的一种项目管理形式，来自于军事组织系统，它是一种线性组织结构，其本质就是使命令线性化。整个组织自上而下实行垂直领导，不设职能机构，可设职能人员协助主管人员工作，主管人员对所属单位的一切问题负责。

这种组织形式是最简单的，它的特点是组织中各种职位是按垂直系统直线排列的，权力系统自上而下形成直线控制，权责分明。它适用于管理项目能划分为若干相对独立子项的大型建设项目。项目经理负责整个项目的规划、组织和指导，并着重整个项目范围内各方面的协调工作。各专业科室分别负责子项目的目标值控制，具体领导现场专业或专

项管理组的工作。

1. 直线制组织形式的优点

(1)保证单头领导,每个组织单元仅向一个上级负责,一个上级对下级直接行使管理和监督的权力即直线职权,一般不能越级下达指令。项目参加者的工作任务、责任、权力明确,指令唯一,这样可以减少扯皮和纠纷,协调方便。

(2)它具有独立的项目组织的优点,尤其是项目经理能直接控制组织资源。

(3)信息流通快,决策迅速,项目容易控制。

(4)项目任务分配明确,责权利关系清楚。

2. 直线制组织形式的缺点

(1)当项目比较多、比较大时,每个项目对应一个组织,使企业资源可能不能达到合理使用。

(2)项目经理责任较大,一切决策信息都集中于他处,这要求他能力强、知识全面、经验丰富,是一个"全能式"人物。否则决策较难、较慢,容易出错。

(3)不能保证项目参与单位之间信息流通速度和质量。

(4)单位的各项目间缺乏信息交流,项目之间的协调、计划和控制比较困难。

(二)职能制项目管理组织

职能制组织形式是一种传统的组织结构模式,它特别强调职能的专业分工,因此组织系统是以职能为划分部门的基础,把管理的职能授权给不同的管理部门。这种管理组织形式,就是在项目经理部之下设立一些职能机构,分别从职能角度对基层管理组织进行业务管理,并在项目经理授权的范围内,就其主管的业务范围,向下传达命令和指示。这种组织形式强调管理职能的专业化,即把管理职能授权给不同的专业部门。

在职能制组织结构中,项目的任务分配给相应的职能部门,职能部门经理对分配到本部门的项目任务负责。职能制组织结构适用于任务相对比较稳定明确的项目管理工作。

1. 职能制组织形式的优点

(1)由于部门是按职能来划分的,因此各职能部门的工作具有很强的针对性,可以最大程度地发挥人员的专业才能,减轻项目经理的负担。

(2)如果各职能部门能做好互相协作的工作,对整个项目的完成会起到事半功倍的效果。

2. 职能制组织形式的缺点

(1)项目信息传递途径不畅。

(2)工作部门可能会接到来自不同职能部门的互相矛盾的指令。

(3)不同职能部门之间有意见分歧难以统一时,互相协调存在一定的困难。

(4)职能部门直接对工作部门下达工作指令,项目经理对工程项目的控制能力在一定程度上被弱化。

(三)矩阵制项目管理组织

矩阵制是现代大型工程管理中广泛采用的一种组织形式,是美国在20世纪50年代创立的一种组织形式,它把职能原则和项目对象原则结合起来建立工程项目管理组织机构,使其既发挥职能部门的横向优势,又发挥项目组织的纵向优势。从系统论的观点来看,解决问题不能只靠某一部门的力量,一定要各方面专业人员共同协作。矩阵制项目组织由横向职能部门系统和纵向子项目组织系统组成。

1. 特征

(1)项目管理组织机构与职能部门的结合部同职能部门数量相同,多个项目与职能部门的结合部呈矩阵状。

(2)把职能原则和对象原则结合起来,既发挥职能部门的横向优势,又发挥项目组织的纵向优势。

(3)专业职能部门是永久性的,项目组织是临时性的。职能部门负责人对参与项目组织的人员有组织调配、业务指导和管理考察权,项目经理将参与项目组织的职能人员在横向上有效地组织在一起,为实现项目目标协同工作。

(4)矩阵中的每个成员或部门,接受原部门负责人和项目总监的双重领导,但部门的控制力大于项目的控制力,部门负责人有权根据不同项目的需要和忙闲程度,在项目之间调配本部门人员。

(5)项目经理对"借"到本项目经理部来的成员,有权控制和使用;当感到人力不足或某些成员不得力时,也可以向职能部门求援或要求调换,辞退回原部门。

(6)项目经理部的工作有多个职能部门支持,项目部没有人员包袱。但要求在水平方向和垂直方向有良好的信息沟通及良好的协调配合,对整个企业组织和项目组织的管理水平和组织渠道畅通提出了较高的要求。

2. 适用范围

(1)适用于平时承担多个需要进行项目管理工程的企业。在这种情况下,各项目对专业技术人才和管理人员都有需求,加在一起数量较大。采用矩阵制组织可以充分利用有限的人才对多个项目进行管理,特别有利于发挥稀有人才的作用。

(2)适用于大型、复杂的工程项目。因大型复杂的工程项目要求多部门、多技术、多工种配合实施,在不同阶段,对不同人员,有不同数量和搭配的需求。显然,矩阵制项目管理组织形式可以很好地满足其要求。

3. 矩阵制项目管理组织形式优点

(1)能以尽可能少的人力,实现多个项目管理的高效率。理由是通过职能部门的协调,一些项目上的闲置人才可以及时转移到需要这些人才的项目上去,防止人才短缺,项目组织因此具有弹性和应变力。

(2)有利于人才的全面培养。可以使不同知识背景的人在合作中相互取长补短,在实践中拓宽知识面;发挥了纵向的专业优势,使人才成长建立在深厚的专业训练基础之上。

4. 矩阵制项目管理组织形式缺点

(1)由于人员来自项目企业职能部门,且仍受职能部门控制,故凝聚在项目上的力量减弱,往往使项目组织的作用发挥受到影响。

(2)管理人员或专业人员如果身兼多职地监理多个项目,往往难以确定项目的优先顺序,有时难免顾此失彼。

(3)双重领导。项目组织中的成员既要接受项目总监的领导,又要接受企业中原职能部门的领导,在这种情况下,如果领导双方意见和目标不一致,乃至有矛盾时,当事人便无所适从。

(4)矩阵制组织对项目管理企业管理水平、项目管理水平、领导者的素质、组织机构的办事效率、信息沟通渠道的畅通,均有较高要求。

二、组织机构人数确定

组织机构人数可按下列条件确定。

(一)工程建设强度

工程建设强度是指单位时间内投入的工程建设资金的数量。它是衡量一项工程紧张程度的标准。

工程建设强度=投资/工期

(二)工程复杂程度

每项工程都具有不同的情况,地点、位置、气候、性质、空间范围、工程地质、施工方法、后勤供应等不同,则投入的人力也就不同。根据一般工程的情况,可将工程复杂程度按以下各项考虑:

(1)设计活动多少;

(2)工程地点位置;

(3)气候条件;

(4)地形条件;

(5)工程地质;

(6)施工方法;

(7)工程性质;

(8)工期要求;

(9)材料供应;

(10)工程分散程度。

根据工程复杂程度的不同,可将各种情况的工程分为若干级别,不同级别的工程需要配备的人员数量有所不同。一般常将工程复杂程度按五级划分为简单、一般、一般复杂、复杂、很复杂。显然,简单级别的工程需要的人员少,而复杂的项目就要多配置人员。

工程复杂程度定级可采用定量办法,即将构成工程复杂程度的每一因素再划分为各种不同情况,根据工程实际情况予以评分,累计平均后看分值大小以确定它的复杂程度等级。

如按十分制计评,则平均分值1~3分的为简单工程,平均分值为3~5分、5~7分、7~9分的依次为一般、一般复杂、复杂工程,9分以上为很复杂工程。

(三)工程技术人员需要量定额

根据工程复杂程度等级按一个单位的工程建设强度来制定工程技术人员需要量定额,如表1-6所示。

表1-6　工程技术人员需要量定额　（单位：100万美元/年）

工程复杂程度	高级工程师	工程师	助理工程师	行政文秘人员
简单	0.1	0.2	0.4	0.1
一般	0.15	0.3	0.60	0.15
一般复杂	0.25	0.5	1.0	0.20
复杂	0.55	1.1	2.0	0.35
很复杂	0.7	1.4	3.0	0.6

三、各部门岗位职责的确定

根据确定的组织模式及组织部门，拟定各部门岗位职责，并建立相应的规章制度。本部分可参考项目管理规范或上网搜索。

1.5　任务三　项目管理软件练习

具体操作方法见项目3。

1.6　任务四　整理实训说明书

一、说明书内容和格式

可参考以下格式和内容进行编写：

1. 封面
2. 前言
3. 目录
4. 正文

第一章　概述（绪论）

第二章　招标设计

　第一节　招标方式

　第二节　招标程序

　第三节　招标标段的划分

第三章　工程项目的管理组织机构确定

　第一节　组织机构框图的设计

　第二节　组织机构人数确定

　第三节　各部门岗位职责的确定

第四章　结论（体会）

5. 参考文献

要求：

章标题三号黑体居中，节标题小三号黑体居中，文中一级标题小四号黑体，二级标题五号黑体，正文五号宋体。前言、目录不编页码，页码从正文开始编号。A4 纸张，电脑打印。

二、主要参考文献

（1）《中华人民共和国招标投标法》。

（2）《建设工程项目管理规范》（GB/T 50326—2006）。

（3）《现代水利水电工程项目管理理论与实务》（杨培岭，中国水利水电出版社，2009）。

（4）《工程项目管理》（王卓甫，邱德华，河海大学出版社，2003）。

（5）《现代水利工程项目管理》（尹红莲等，黄河水利出版社，2014）。

（6）《水利工程造价与招投标》（尹红莲等，黄河水利出版社，2014）。

项目2 水利工程施工投标文件编制

2.1 概 述

一、实训目的

本环节是提高学生综合素质与创新能力的关键一环,是对学生所学知识的检验与总结。通过实训可以达到如下目的:

(1)使学生系统地巩固、加深、扩大本专业所学的主要专业课内容;

(2)锻炼并培养学生的独立分析和解决实际问题的能力;

(3)使学生掌握施工组织设计编制方法;

(4)使学生掌握投标报价的编制方法;

(5)使学生掌握利用招标文件编制投标文件的步骤、方法,锻炼学生的计算能力和编制投标文件的能力;

(6)培养学生利用图书馆、网络等信息资源查阅设计资料的能力。

二、实训要求

(1)学生应严肃对待设计资料,不得自行增减或修改;

(2)每个学生应独立完成,对抄袭、代做等行为除严肃批评外,该设计以不及格论;

(3)学生应充分发挥自己的独立工作能力,有自己独创的见解。

三、实训成果

设计结束,学生应提交投标文件一份,按招标文件要求格式进行打印。

四、实训任务

按照所给工程招标文件和图纸,完成如下任务。

(一)施工组织设计

(1)施工总布置规划。

(2)拟订施工方案。

(3)编制施工进度计划。

(二)编制投标报价

(1)确定编制标准、编制依据。

(2)编制各项基础单价。

(3)编制建筑工程单价。

(4)编制建筑工程费用。

(5)编制投标报价。

(三)编制投标文件

按招标文件中规定的格式编制。

五、答辩及成绩评定

(一)答辩的程序

(1)学生汇报:每位学生用10分钟汇报实训的主要内容。

(2)答辩小组提问:答辩小组的答辩委员就实训的内容及有关的问题进行提问,每位成员可提问1~2个问题,学生当场回答答辩委员的问题。

(3)根据学生的答辩情况,答辩小组进行评议并给出学生的答辩成绩。

(二)成绩评定标准

本实训成绩由三部分构成:

(1)指导教师成绩。根据实训过程的表现及实训成果的数量和质量,指导教师给出的成绩。

(2)学生实训成果。根据实训成果的数量和质量,给出的成绩。

(3)答辩成绩。根据答辩时的内容汇报、回答问题等的表现,答辩小组给出的成绩。

上述三项成绩占学生总成绩的权重分别为40%、30%及30%。最终成绩按五级评定,即优秀、良好、中等、及格和不及格。

2.2　南水北调东线第一期工程胶东干线招标资料

一、招标公告节选

(一)招标内容

南水北调东线第一期工程胶东干线济南至引黄济青段工程明渠段初步设计已经国务院南水北调工程建设委员会办公室批复(国调办投计〔2010〕197号),项目法人及招标人为南水北调东线山东干线有限责任公司,建设资金(来自政府资金、工程基金、银行贷款)已经落实,项目已具备招标条件,现进行公开招标。

(二)项目概况与招标范围

济南至引黄济青段工程是南水北调东线第一期工程的重要组成部分,是山东省胶东输水干线西段的一个单项工程,包括济南市区段输水工程、明渠段工程、东湖水库、双王城水库、陈庄输水线路设计单元工程等五个单元工程,全长约150 km,途经济南市、滨州市、淄博市和潍坊市。

南水北调东线一期胶东干线济南至引黄济青段工程明渠段工程全长111.260 km,可分为两段工程:第一段自济南市区段输水暗涵出口至高青县前石村公路桥上游27 m处(陈庄输水线路设计单元工程起点)(桩号0-095~76+590),沿小清河左岸新辟明渠全断面防渗衬砌渠段,长76.685 km;第二段自入小清河分洪道涵闸闸下连接段末端(陈庄输水线路设计单元工程终点)至引黄济青上节制闸(桩号87+895~122+470),利用小清河分洪道子槽输水段,长34.575 km。

1. 监理招标

分为3个标段:

(1)明渠段监理标段1:桩号0-095~38+868,长度38.963 km,包括土建、金属及机电设备安装、环境保护、水土保持、交通安全、交叉建筑物建筑安装工程等的监理工作。

(2)明渠段监理标段2:桩号38+868~76+590,长度37.722 km,包括土建、金属及机电设备安装、环境保护、水土保持、交通安全、交叉建筑物建筑安装工程及0+000~122+470范围内的房屋建筑工程等的监理工作。

(3)明渠段监理标段3:桩号87+895~122+470,长度34.575 km,包括土建、金属及机电设备安装、环境保护、水土保持、交通安全、交叉建筑物建筑安装工程及利用小清河分洪道子槽段加固工程12.7 km和东营分水闸工程等的监理工作。

2. 施工招标

本次招标分为9个标段:

(1)明渠段标段1:桩号0-095~10+033,长度10.128 km,位于济南市历城区。包括新辟明渠工程、交叉建筑物建筑安装工程、机电及金属结构设备采购、临时工程、交通安全、环境保护、水土保持等。

(2)明渠段标段2:桩号10+033~21+537,长度11.504 km,位于济南市历城区。包括新辟明渠工程、交叉建筑物建筑安装工程、机电及金属结构设备采购、临时工程、交通安全、环境保护、水土保持等。

(3)明渠段标段3:桩号21+537~30+093,长度8.556 km,位于济南市章丘市。包括新辟明渠工程、交叉建筑物建筑安装工程、机电及金属结构设备采购、临时工程、交通安全、环境保护、水土保持等。

(4)明渠段标段4:桩号30+093~38+868,长度8.775 km,位于济南市章丘市。包括新辟明渠工程、交叉建筑物建筑安装工程、机电及金属结构设备采购、临时工程、交通安全、环境保护、水土保持等。

(5)明渠段标段5:桩号38+868~50+127,长度11.259 km,位于滨州市邹平县。包括新辟明渠工程、交叉建筑物建筑安装工程、机电及金属结构设备采购、临时工程、交通安全、环境保护、水土保持等。

(6)明渠段标段6:桩号50+127~62+702,长度12.575 km,位于滨州市邹平县。包括新辟明渠工程、交叉建筑物建筑安装工程、机电及金属结构设备采购、临时工程、交通安全、环境保护、水土保持等。

(7)明渠段标段7:桩号62+702~76+590,长度13.888 km,位于淄博市高青县。包括新辟明渠工程、交叉建筑物建筑安装工程、机电及金属结构设备采购、临时工程、交通安全、环境保护、水土保持等。

(8)明渠段标段8:桩号87+895~104+985,长度17.09 km,为分洪道段工程,位于淄博市高青县、桓台县。包括新开挖子槽、交叉建筑物建筑安装工程、机电及金属结构设备采购、临时工程、交通安全、环境保护、水土保持等。

(9)明渠段标段9:桩号104+985~122+470,长度17.485 km,为分洪道段工程,位于滨州市博兴县(部分位于淄博市高青县)。包括新开挖子槽、交叉建筑物建筑安装工程、机电及金属结构设备采购、临时工程、交通安全、环境保护、水土保持等。

二、计划工期

计划开工日期:2010年12月26日;计划完工日期:2012年6月30日。

三、工程概况

(一)输水渠工程概况

南水北调东线第一期工程济南至引黄济青明渠段输水工程位于胶东输水干线西段的下游,是胶东输水干线西线工程的重要组成部分。该段工程西起济南市区段输水暗涵出口,中间衔接陈庄输水线路设计单元工程,东至小清河分洪道上节制闸接入引黄济青工程,途经济南市的历城区、章丘市,滨州市的邹平县、博兴县,淄博市的高青县、桓台县,输水线路全长111.260 km,其中沿小清河左岸新辟明渠输水段长76.685 km,入小清河后,利用小清河分洪道开挖疏通分洪道子槽34.575 km。全线自流输水,设计输水流量50 m^3/s,加大输水流量60 m^3/s。上段明渠起点与济南市区段输水暗涵出口连接,设计水位为21.20 m,加大水位为21.50 m;上段明渠末端与陈庄输水线路设计单元工程起点衔接处(桩号76+590)设计水位为13.09 m,加大水位为13.39 m;下段明渠起点与陈庄输水线路设计单元工程终点衔接处(桩号87+985)设计水位为8.49 m,加大水位为8.80 m;渠道末端接小清河分洪道子槽引黄济青上节制闸,设计水位为5.23 m,加大水位为5.58 m。

标段3输水渠设计桩号21+537~30+093,全长8.556 km。自历城区、章丘边界第2标段末端(桩号21+537)至第3标段末端(桩号30+093),输水线路全部沿小清河左堤外布置,为满足控制运用要求,在桩号22+668处布置有南寺节制闸。全线为全断面防渗衬砌弧形坡脚梯形渠道。渠道设计纵比降1/18 000,设计渠底宽13.5 m,设计水深3.0 m;戗台以下边坡1:2.25,戗台以上内、外边坡1:2.0;输水渠左堤顶宽6.0 m,堤顶设4.5 m宽水泥混凝土交通路面,右堤顶宽5.0 m。输水渠防渗衬砌采用型式Ⅰ(桩号21+537~22+333、桩号27+766~30+093)、型式Ⅲ(桩号22+333~27+766)。型式Ⅰ为全断面机械现浇高性能混凝土面板防渗,板下换填砂砾石垫层防冻胀、渠底碎石盲沟逆止排水防扬压;型式Ⅲ为渠坡铺设加筋泡沫复合混凝土大块薄板防渗、防冻胀,渠底现浇高性能混凝土面板防渗,板下换填碎石垫层防冻胀,渠坡暗管逆止排水防扬压。

输水渠左堤顶设4.5 m厚C30水泥混凝土交通道路;沿渠口两侧设PVC包塑铁丝框架焊接护栏网防护。

设计桩号29+060~30+093段输水渠左侧3 m护堤线外开挖排水沟,设计沟深3.5 m,底宽2.0 m,边坡1:2.0。排水沟上布置路涵8处。

安全监测设施:设计桩号22+820断面布设渠道地温、冻胀位移监测仪器,设计桩号22+823断面布设渠道扬压力、地下水位监测仪器,设计桩号22+830断面布设渠堤沉降、水平位移监测仪器;另外,在桩号22+850~23+030、28+650~28+830渠段设置2

个渗漏监测区。

(二)建筑物工程概况

交叉建筑物工程16座(处),包括节制闸1座,公路桥3座,4.5 m宽生产桥4座,3.5 m宽生产桥4座,人行桥1座,排水河(沟)穿输水渠倒虹吸2处,灌溉渠道穿输水渠倒虹吸1处。

1. 公路桥

桥梁上部结构为装配式先张法预应力混凝土简支空心板梁,下部结构为钢筋混凝土灌注桩基础。两桥台处采用D80伸缩缝,其他跨采用桥面连续。

2. 生产桥

桥梁上部结构为装配式先张法预应力混凝土简支空心板梁,下部结构为钢筋混凝土灌注桩基础。两桥台处采用D80伸缩缝或微量伸缩缝,其他跨采用桥面连续。

3. 人行桥

桥梁上部结构为装配式先张法预应力混凝土简支空心板梁,下部结构为钢筋混凝土灌注桩基础。两桥台处采用D80伸缩缝或微量伸缩缝,其他跨采用桥面连续。

4. 节制闸

节制闸主要由上游连接段、闸室段和下游连接段三大部分组成。闸室部分采用整体式钢筋混凝土结构,闸内设一道平板钢闸门,单孔净宽4.0 m,设3孔,采用卷扬式启闭机,桥头堡单侧布置,钻孔灌注桩基础。

5. 排水河(沟)穿输水渠倒虹吸

倒虹吸箱涵结构,自上游依次为进口渠道护砌段、浆砌块石沉砂段、进口渐变段、拦污栅段、洞身段、出口渐变段(消力池段)、出口护砌段。单孔或多孔,洞身尺寸2.0 m×2.5 m。

6. 灌溉渠道穿输水渠倒虹吸

倒虹吸单孔箱涵结构,自上游依次为进口渠道护砌段、浆砌块石沉砂段、进口渐变段、拦污栅段、洞身段、出口渐变段(消力池段)、出口护砌段。洞身尺寸2.0 m×2.5 m。

四、水文现象

济南至引黄济青明渠上段工程区位于小清河流域的上游、小清河干流左岸,属东亚季风区,年内四季分明,温差变化较大。冬季多东北风,寒冷干燥,降水量稀少;夏季高温炎热,多东南风和西南风,冷暖空气活动频繁,为暴雨洪水主要发生期。流域内较大的暴雨洪水多发生在7、8月。多年平均降雨量为674.2 mm,汛期(6~9月)降雨量为480 mm,占全年降雨量的71.2%。降雨量年际之间变化较大,如丰水的1964年降雨量为1 184.1 mm,枯水的1968年降雨量仅为386.8 mm,高低相差2倍以上。

工程建设区内多年平均日照总时数达到2 700 h左右,多年平均气温12.6 ℃,极端最高气温42.8 ℃,极端最低气温-25.1 ℃,历年最大风速22 m/s,最大冻土深度为55 cm,多年平均水面蒸发量为1 000~1 200 mm,无霜期在200 d以上。

根据工程区内小清河干流岔河水文站1958~1985年实测资料统计,多年平均输沙率10 kg/s,多年平均年输沙量31.68万t,多年平均含沙量0.79 kg/m^3;最大年平均输沙率

30.1 kg/s，最大年平均输沙量95.2万t，最大年平均含沙量1.9 kg/m^3；最小年平均输沙率0.81 kg/s，最小年平均输沙量2.55万t，最小年平均含沙量0.09 kg/m^3。河流泥沙主要集中产生在汛期的7、8月，其中以7月为最大，7月多年平均含沙量为1.69 kg/m^3，最大为6.8 kg/m^3。

经查《山东省水文图集》中的有关图表，工程建设区内多年平均开始封冻日期为12月23日，多年平均最后开河日期为2月3日，多年平均实际封冻天数为14 d，历年最大冰厚为0.20 m。

五、工程地质

作为本合同文件组成部分的地质资料，包括工程地区的地质平面图、工程建筑物地质剖面图及其有关勘测资料，以及建筑材料厂的地质剖面图及其有关勘测资料等。

工程区所属地貌类型为轻微斜低平原中的黄河冲积平原，微地貌类型为决口扇前缘，其西北部为大面积的黄河决口扇堆积物，地势由西向东北倾斜，地面高程一般为18.40～21.40 m，平均坡降为1/5 000。

输水线路位于黄河冲积平原区，沉积有厚层的第四系松散堆积物。勘探深度内揭示的第四系地层按形成时代及成因类型分述如下：

第四系全新统冲积堆积物：为黄河新近沉积物，岩性以黏土、砂壤土为主。局部有淤泥类软土分布。

第四系全新统冲积湖积物：以黏土、壤土为主，存在黑色黏土标志层。

第四系全新统冲积洪积物：以壤土为主，夹少量砂壤土，壤土的颜色为蓝绿色至黄褐色等。

第四系上更新统冲积洪积物：以壤土夹姜石为主，另有黏土和少量砂壤土、粉细沙。

六、水文地质

根据《南水北调东线第一期工程济南至引黄济青明渠段输水工程工程地质勘察报告》，小清河为工程区内主要河流，其诸支流均发源于南部低山丘陵区，呈单羽毛状分布，途短流急，注入小清河。北部与黄河毗邻，接受黄河河水补给。小清河干流地势低平，成为整个流域的泄水区。特点表现为地下水位埋藏浅，水力坡度小，地下径流速度缓慢。浅层地下水类型为第四系孔隙潜水，主要赋存于砂壤土、粉土、壤土及发育裂隙的黏土中，各含水层间水力联系较为密切。勘探期间地下水位受引黄灌溉的影响较大，靠近灌溉渠道的位置地下水位较高，总体埋深一般为2.50～4.40 m，北柴村附近最深处为8.3 m。含水层渗透系数一般为1.20～8.30 m/d，具中等透水性。地下水以大气降水和黄河侧渗为主要补给源，同时与小清河水互补，通过农田灌溉及向下游径流作为排泄途径，地下水径流方向与地形变化及小清河的流向一致。

据工程沿线县市地下水位资料，地下水位变幅平均为2.0～5.0 m。

据水质分析成果，地下水化学类型主要为$HCO_3-SO_4-Ca-Na$、$HCO_3-Cl-Ca-Na$型水；pH值7.15～8.07，为中性—弱碱性水；全硬度295.8～880.9 mg/L，为极硬水；矿化度0.55～1.17 g/L，为淡水—微咸水；不含侵蚀性CO_2，一般不具腐蚀性。

地质资料包括:输水线路地质剖面图、工程建筑物地质剖面图。

七、施工交通条件

(一)交通条件

南水北调东线一期工程济南至引黄济青明渠段输水工程位于山东省境内中东部地区,施工堤段附近有胶济铁路、济青高速公路、220国道、309国道、321省道、102省道等,另外有众多县乡级公路与上述道路相连接,交通网络十分发达。对外交通可充分利用现有的铁路和公路等交通路线,施工所用的材料、施工机械、生活物资等均可由上述交通网络运达工地。

(二)施工供应情况

工程大部分区域施工场地平坦,交通便利,水源、电源较近,砂石料能够就近购买,水泥、钢材、油料等大宗材料均有质量可靠、储量丰富的供应条件,可全部在输水线路附近地市购置。施工用电采用工程附近现有供电设施或自发电方式解决。施工期生产用水拟结合工程施工排水解决,生活用水主要采取打井抽取地下水的方式解决,或者使用河道两岸村镇内现有生活用水设施解决。

八、分类分项工程量清单

标段3分类分项工程量清单见表2-1。

表2-1 分类分项工程量清单

编码	编号	工程项目及名称	单位	数量
	1	建筑工程		
	1.1	土方开挖(渠道)		
500101010002	1.1.1	清基土方	m^3	66 937
500101003001	1.1.2	渠道土方开挖(可用于筑堤)	m^3	653 210
500116994009	1.1.3	筑堤土方压实	m^3	257 370
500101010001	1.1.4	衬砌削坡土	m^3	72 876
500101004001	1.1.5	排水沟挖土(界沟)	m^3	30 330
	1.2	衬砌工程		
	1.2.1	砌石工程		
500103007017	1.2.1.1	碎石垫层	m^3	24 603
500103007016	1.2.1.2	砂垫层	m^3	21 714
500105003002	1.2.1.3	M10浆砌石排水口处	m^3	26
	1.2.2	混凝土工程		
500109001064	1.2.2.1	C20现浇混凝土衬砌板(W8、F200)	m^3	26 641
500109001051	1.2.2.2	C15混凝土板预制安装	m^3	201
500112001001	1.2.2.3	混凝土管预制安装Φ300	m	184
	1.2.3	其他工程		
500114001048	1.2.3.1	聚苯乙烯保温板2 cm采购	m^2	4 793
500114001016	1.2.3.2	聚苯乙烯保温板2 cm铺设	m^2	4 793

续表 2-1

编码	编号	工程项目及名称	单位	数量
500114001056	1.2.3.3	钢丝网聚苯乙烯保温板 4 cm 采购	m^2	119 597
500114001021	1.2.3.4	钢丝网聚苯乙烯保温板 4 cm 铺设	m^2	119 597
500114001057	1.2.3.5	塑料薄膜铺设 0.01 mm	m^2	121 515
500109008002	1.2.3.6	双组分聚硫胶胶泥采购	m^3	29.13
500109008003	1.2.3.7	双组分聚硫胶胶泥填充	m^3	29.13
500109009006	1.2.3.8	闭孔泡沫塑料板	m^2	73
500114001050	1.2.3.9	软式透水管Φ100	m	10 866
500114001045	1.2.3.10	逆止阀	个	390
500114001043	1.2.3.11	三通	个	250
500103014002	1.2.3.12	400 g/m^2 土工布采购	m^2	18 620
500103014003	1.2.3.13	400 g/m^2 土工布铺设	m^2	18 620
500114001055	1.2.3.14	保温板聚氨酯填充	m	110 503
500114001054	1.2.3.15	喷涂乳化沥青	m^2	71 425
	1.2.4	基础处理		
500105011001	1.2.4.1	振冲砂桩(淤泥层)	m	29 008
	1.3	建筑物工程		
	1.3.1	沟(河、渠)穿输水渠倒虹吸工程		
500114995008	1.3.1.1	土方开挖	m^3	29 220
500101002001	1.3.1.2	土方回填压实	m^3	25 380
500103007015	1.3.1.3	碎石垫层	m^3	532
500105003008	1.3.1.4	干砌石护坡、护底	m^3	113
500105003012	1.3.1.5	M10 浆砌块石护底	m^3	627
500105003010	1.3.1.6	M10 浆砌块石护坡	m^3	315
500109001063	1.3.1.7	M10 浆砌块石墙身	m^3	1 466
500109001049	1.3.1.8	C15 素混凝土垫层	m^3	170
500109001032	1.3.1.9	C30 混凝土管口部位	m^3	79
500109001043	1.3.1.10	C30 混凝土护底	m^3	106
500109001060	1.3.1.11	C30 混凝土墙身	m^3	560
500109001003	1.3.1.12	C30 混凝土集水井	m^3	4
500109001021	1.3.1.13	C30 混凝土垫梁	m^3	43
500109001066	1.3.1.14	C30 混凝土方涵 F150,W6	m^3	1 799
500111001039	1.3.1.15	钢筋制作安装	t	218.89
500102984007	1.3.1.16	闭孔泡沫板	m^2	919
500103988006	1.3.1.17	橡胶止水带	m	526
500109008004	1.3.1.18	双组分聚硫胶胶泥采购	m^3	0.32
500109008005	1.3.1.19	双组分聚硫胶胶泥填充	m^3	0.32
	1.3.2	南寺节制闸		
500112996007	1.3.2.1	土方开挖(可用于回填)	m^3	9 963

续表 2-1

编码	编号	工程项目及名称	单位	数量
500110997006	1.3.2.2	土方回填压实	m^3	4 464
500105000003	1.3.2.3	换填水泥土	m^3	990
500103007009	1.3.2.4	砂石反滤垫层	m^3	46
500103007012	1.3.2.5	碎石垫层	m^3	58
500109001058	1.3.2.6	植草砖	m^2	413
500109001042	1.3.2.7	C15 素混凝土垫层	m^3	105
500109001029	1.3.2.8	C30 钢筋混凝土上游铺盖	m^3	77
500109001041	1.3.2.9	C30 钢筋混凝土消力池底板	m^3	104
500109001015	1.3.2.10	C30 混凝土现浇板锥坡　上游连接段	m^3	25
500109001017	1.3.2.11	C30 混凝土现浇板锥坡　下游连接段	m^3	33
500109001052	1.3.2.12	C30 钢筋混凝土闸底板	m^3	220
500109001055	1.3.2.13	C30 钢筋混凝土圆弧翼墙　上游连接段	m^3	310
500109001059	1.3.2.14	C30 钢筋混凝土圆弧翼墙　下游连接段	m^3	442
500109001028	1.3.2.15	C30 钢筋混凝土 U 型槽	m^3	76
500109001054	1.3.2.16	C30 钢筋混凝土闸墩	m^3	273
500109001012	1.3.2.17	C30 钢筋混凝土排架	m^3	19
500109001016	1.3.2.18	C30 钢筋混凝土桥头搭板	m^3	29
500109001006	1.3.2.19	C30 钢筋混凝土检修桥	m^3	10
500109001013	1.3.2.20	C40 钢筋混凝土交通桥接缝、桥面铺装	m^3	21
500109001019	1.3.2.21	C30 钢筋混凝土交通桥桥板预制安装	m^3	39
500109001014	1.3.2.22	C30 钢筋混凝土机架桥预制安装	m^3	23
500109001011	1.3.2.23	C25 钢筋混凝土承台	m^3	18
500109001005	1.3.2.24	C25 钢筋混凝土地梁	m^3	7
500109001065	1.3.2.25	C25 钢筋混凝土安全带	m^3	2
500109006001	1.3.2.26	C30 二期混凝土	m^3	6
500111001038	1.3.2.27	钢筋制作安装	t	108.85
500109009008	1.3.2.28	厚度 2.8 cm 橡胶支座	个	96
500114001032	1.3.2.29	C40 桥面伸缩缝	m	16
500114001034	1.3.2.30	交通桥两侧料石栏杆	m	32
500114001035	1.3.2.31	检修桥两侧、边墩不锈钢栏杆	m	37
500109009007	1.3.2.32	翼墙顶部料石栏杆	m	82
500114001031	1.3.2.33	油毛毡(三毡四油)	m^2	12
500114001036	1.3.2.34	逆水式集水箱	个	61
500103014001	1.3.2.35	Φ60PVC 排水管	m	159
500109008001	1.3.2.36	土工布裹头	m^2	11
500109009009	1.3.2.37	橡胶止水 320×8 遇水膨胀止水带	m	123
500114001040	1.3.2.38	硬质闭孔泡沫塑料板	m^2	128
500104992005	1.3.2.39	沥青胶泥	m^3	0.38

续表 2-1

编码	编号	工程项目及名称	单位	数量
500109008006	1.3.2.40	双组分聚硫胶胶泥采购	m^3	0.15
500109008007	1.3.2.41	双组分聚硫胶胶泥填充	m^3	0.15
500108004003	1.3.2.42	钻机钻灌注桩　$D=800$ mm	m	95
500108004013	1.3.2.43	C30 钢筋混凝土桩　$D=800$ mm	m	95
500111001040	1.3.2.44	灌注桩钢筋制作安装	t	2.29
500114001042	1.3.2.45	桥头堡	m^2	196
500114001037	1.3.2.46	机房	m^2	75
500114001044	1.3.2.47	路面硬化(20 cm 混凝土路面)	m^2	350
500203002007	1.3.2.48	位移观测基点	个	2
500203002008	1.3.2.49	位移观测标点	个	4
500203002009	1.3.2.50	铁头沉陷点	个	10
500203002010	1.3.2.51	测压管	支	6
	1.3.3	田间灌排渠道影响工程		
500109001048	1.3.3.1	M10 浆砌石墙	m^3	163
500109001039	1.3.3.2	Φ50 混凝土管	m	100
500109001067	1.3.3.3	C25 钢筋混凝土板	m^3	29
500111001008	1.3.3.4	钢筋制作安装	t	2.33
	1.4	交通工程		
	1.4.1	堤顶路面工程		
500114001053	1.4.1.1	混凝土路面	m^2	38 502
	1.4.2	安全防护工程		
500101010001	1.4.2.1	土方开挖	m^3	259
500109001053	1.4.2.2	C20 回填混凝土	m^3	259
500114001051	1.4.2.3	钢筋网及护栏制作安装	m^2	25 668
	1.5	输水渠道监测工程		
	1.5.1	扬压力监测		
500203003001	1.5.1.1	弦式渗压计(170 kPa)	个	7
500203003002	1.5.1.2	四芯通气电缆	m	100
500203003003	1.5.1.3	搪瓷水尺	m	5
500203003004	1.5.1.4	读数仪	个	1
500203003005	1.5.1.5	自动集线箱	个	1
500203003006	1.5.1.6	仪器安装	项	1
	1.5.2	地温监测		
500203003007	1.5.2.1	铜电阻温度计	个	22
500203003008	1.5.2.2	五芯屏蔽电缆	m	140
500203003009	1.5.2.3	读数仪	个	1
500203003010	1.5.2.4	读数仪	个	1
500203003011	1.5.2.5	手动集线箱	个	1

续表 2-1

编码	编号	工程项目及名称	单位	数量
500203003012	1.5.2.6	仪器安装	项	1
500114001008	1.5.2.7	观测房	个	1
	1.5.3	冻胀位移观测		
500203002001	1.5.3.1	差阻式单点位移计	个	11
500203002002	1.5.3.2	五芯屏蔽电缆	m	100
500203002003	1.5.3.3	手动集线箱	个	1
500203002004	1.5.3.4	仪器安装	项	1
	1.5.4	渗漏监测		
500114001047	1.5.4.1	塑料编织袋装黏土	m^3	3 587
500114001046	1.5.4.2	300 g/m^2 复合土工布	m^2	1 973
500203004001	1.5.4.3	水面蒸发皿(Φ100)	套	2
500203004002	1.5.4.4	水泵(100 m^3/s)	台	6
500203004003	1.5.4.5	水表(100 m^3/s)	块	6
500203004004	1.5.4.6	搪瓷水尺	m	10
500203004005	1.5.4.7	平衡区及监测区内注水	项	1
500203004006	1.5.4.8	仪器安装	项	1
	1.5.5	沉降、水平位移监测		
500203002005	1.5.5.1	基点	个	1
500203002006	1.5.5.2	标点	个	6
	1.5.6	监测井		
500114001020	1.5.6.1	观测井	座	3
500203013001	1.5.7	施工期观测、设备维护、资料整理分析	项	1
	1.6	桥梁工程(12 座)		
	1.6.1	公路桥(城 - A 及公路 - Ⅰ)(1 座)		
	1.6.1.1	引路		
500109007003	1.6.1.1.1	沥青混凝土路面(厚 15 cm)	m^2	320
500103016001	1.6.1.1.2	水泥稳定碎石(厚 20 cm)	m^2	368
500103003004	1.6.1.1.3	三七石灰稳定土(厚 20 cm)	m^2	423
	1.6.1.2	基础		
500108004005	1.6.1.2.1	灌注桩造孔(桩孔 120 cm)	m	342
500108004007	1.6.1.2.2	C30 钢筋混凝土桩	m^3	387
500111001030	1.6.1.2.3	灌注桩钢筋制作安装	t	25.13
	1.6.1.3	桥台		
500101002003	1.6.1.3.1	开挖土方	m^3	240
500109001024	1.6.1.3.2	C30 钢筋混凝土桥台	m^3	55
500111001015	1.6.1.3.3	桥台钢筋制作安装	t	7.47
500105003007	1.6.1.3.4	M10 浆砌块石挡土墙	m^3	96
500105003003	1.6.1.3.5	M10 浆砌块石护坡	m^3	29

续表 2-1

编码	编号	工程项目及名称	单位	数量
500103007002	1. 6. 1. 3. 6	中粗砂垫层	m^3	10
	1. 6. 2	公路桥(公路 - Ⅱ)(2 座)		
	1. 6. 2. 1	引路		
500109007004	1. 6. 2. 1. 1	沥青混凝土路面(厚 15 cm)	m^2	480
500103016002	1. 6. 2. 1. 2	水泥稳定碎石(厚 20 cm)	m^2	552
500103003005	1. 6. 2. 1. 3	三七石灰稳定土(厚 20 cm)	m^2	635
	1. 6. 2. 2	基础		
500108004010	1. 6. 2. 2. 1	灌注桩造孔(桩径 120 cm)	m	510
500108004011	1. 6. 2. 2. 2	C30 钢筋混凝土桩	m^3	577
500111001033	1. 6. 2. 2. 3	灌注桩钢筋制作安装	t	37. 47
	1. 6. 2. 3	桥台		
500101002005	1. 6. 2. 3. 1	开挖土方	m^3	352
500109001030	1. 6. 2. 3. 2	C30 钢筋混凝土桥台	m^3	78
500111001018	1. 6. 2. 3. 3	桥台钢筋制作安装	t	9. 56
500105003013	1. 6. 2. 3. 4	M10 浆砌块石挡土墙	m^3	932
500105003006	1. 6. 2. 3. 5	M10 浆砌块石护坡	m^3	48
500103007007	1. 6. 2. 3. 6	中粗砂垫层	m^3	16
500105011008	1. 6. 2. 3. 7	M10 挡土墙粗料石镶面(20 cm 厚)	m^2	233
500105011009	1. 6. 2. 3. 8	挡土墙顶护柱	根	320
500109001025	1. 6. 2. 3. 9	C30 钢筋混凝土挡土墙压顶	m^3	64
500111001009	1. 6. 2. 3. 10	挡土墙钢筋制作安装	t	3. 52
	1. 6. 2. 4	桥墩		
500109001046	1. 6. 2. 4. 1	C30 钢筋混凝土桥墩	m^3	114
500111001026	1. 6. 2. 4. 2	桥墩钢筋制作安装	t	13. 64
	1. 6. 2. 5	上部结构		
500112003005	1. 6. 2. 5. 1	C40 预应力空心板(先张法)预制、运输、安装	m^3	323
500109001023	1. 6. 2. 5. 2	现浇 C40 钢筋混凝土铰缝	m^3	55
500109010005	1. 6. 2. 5. 3	凿毛混凝土	m^2	1 037
500111001037	1. 6. 2. 5. 4	预应力空心板钢筋制作安装	t	69. 59
500111001014	1. 6. 2. 5. 5	预应力空心板钢绞线制作安装Φ^s15. 2	t	6. 52
500109011018	1. 6. 2. 5. 6	板式橡胶支座 GYZ - 200 × 42	个	168
500109011009	1. 6. 2. 5. 7	四氟板式橡胶组合支座 GYZF4 - 200 × 44	个	56
500109011004	1. 6. 2. 5. 8	四氟板式橡胶组合支座 GYZF4 - 150 × 44	个	28
500109001037	1. 6. 2. 5. 9	C30 钢筋混凝土防撞护栏	m	87
500105011007	1. 6. 2. 5. 10	人行道(采用料石栏杆)	m	80
500109009004	1. 6. 2. 5. 11	模数式伸缩缝 D80	m	46
500109001033	1. 6. 2. 5. 12	C30 现浇桥头搭板混凝土	m^3	79
500111001022	1. 6. 2. 5. 13	现浇桥头搭板钢筋制作安装	t	11. 88

续表 2-1

编码	编号	工程项目及名称	单位	数量
500103007014	1.6.2.5.14	碎石垫层(25 cm)	m^3	81
500103003002	1.6.2.5.15	三七灰土垫层(25 cm)	m^3	96
500109007002	1.6.2.5.16	沥青混凝土	m^3	79
500111001028	1.6.2.5.17	桥面铺装钢筋制作安装	t	16.73
500109011025	1.6.2.5.18	桥面防水剂	m^2	856
500109011016	1.6.2.5.19	HDPE 双壁波纹管(Φ150 mm)	m	160
500109011019	1.6.2.5.20	PVC 硬塑料排水管(Φ150 mm×5 mm)	m	234
500103007008	1.6.2.5.21	排水管中粗砂垫层	m^3	26
	1.6.3	生产桥(桥宽 5.5m)(4 座)		
	1.6.3.1	引路		
500106999004	1.6.3.1.1	引路土方回填压实	m^3	1 425
500109001062	1.6.3.1.2	C30 混凝土路面(厚 20 cm)	m^2	1 449
500103003007	1.6.3.1.3	三七石灰稳定土(厚 20 cm)	m^2	1 666
	1.6.3.2	基础		
500108004004	1.6.3.2.1	灌注桩造孔(桩径 100 cm)	m	120
500108004009	1.6.3.2.2	灌注桩造孔(桩径 120 cm)	m	448
500108004012	1.6.3.2.3	C30 钢筋混凝土桩	m^3	601
500111001032	1.6.3.2.4	灌注桩钢筋制作安装	t	36.04
	1.6.3.3	桥台		
500101002004	1.6.3.3.1	开挖土方	m^3	288
500109001027	1.6.3.3.2	C30 钢筋混凝土桥台	m^3	73
500111001017	1.6.3.3.3	桥台钢筋制作安装	t	9.02
500105003009	1.6.3.3.4	M10 浆砌块石挡土墙	m^3	120
500105003004	1.6.3.3.5	M10 浆砌块石护坡	m^3	39
500103007003	1.6.3.3.6	中粗砂垫层	m^3	13
500105011003	1.6.3.3.7	M10 挡土墙粗料石镶面(20 cm 厚)	m^2	24
500105011001	1.6.3.3.8	挡土墙顶护柱	根	19
500109001002	1.6.3.3.9	C30 钢筋混凝土挡土墙压顶	m^3	4
500111001001	1.6.3.3.10	挡土墙钢筋制作安装	t	0.21
	1.6.3.4	桥墩		
500109001045	1.6.3.4.1	C30 钢筋混凝土桥墩	m^3	113
500111001027	1.6.3.4.2	桥墩钢筋制作安装	t	13.65
	1.6.3.5	上部结构		
500112003004	1.6.3.5.1	C40 预应力空心板(先张法)预制、运输、安装	m^3	317
500109001022	1.6.3.5.2	现浇 C40 钢筋混凝土铰缝	m^3	50
500109010004	1.6.3.5.3	凿毛混凝土	m^2	835
500111001036	1.6.3.5.4	预应力空心板钢筋制作安装	t	68.32
500111001012	1.6.3.5.5	预应力空心板钢绞线制作安装Φ^s15.2	t	6.07

续表 2-1

编码	编号	工程项目及名称	单位	数量
500109011017	1.6.3.5.6	板式橡胶支座 GYZ - 200×42	个	160
500109011005	1.6.3.5.7	四氟板式橡胶组合支座 GYZF4 - 200×44	个	40
500109011006	1.6.3.5.8	四氟板式橡胶组合支座 GYZF4 - 150×44	个	40
500109001056	1.6.3.5.9	C30 钢筋混凝土防撞护栏	m	373
500109009005	1.6.3.5.10	微量伸缩缝	m	47
500109001047	1.6.3.5.11	C40 桥面防水混凝土铺装	m^3	126
500111001029	1.6.3.5.12	桥面铺装钢筋制作安装	t	17.1
500109011020	1.6.3.5.13	HDPE 双壁波纹管(Φ150 mm)	m	320
500109011022	1.6.3.5.14	PVC 硬塑料排水管(Φ150 mm×5 mm)	m	480
500103007010	1.6.3.5.15	排水管中粗砂垫层	m^3	53
	1.6.3.6	其他		
	1.6.4	生产桥(桥宽 4.5m)(4 座)		
	1.6.4.1	引路		
500108998005	1.6.4.1.1	引路土方回填压实	m^3	1 802
500109001061	1.6.4.1.2	C30 混凝土路面(厚 20 cm)	m^2	987
500103003006	1.6.4.1.3	三七石灰稳定土(厚 20 cm)	m^2	1 135
	1.6.4.2	基础		
500108004006	1.6.4.2.1	灌注桩造孔(桩径 120 cm)	m	366
500108004008	1.6.4.2.2	C30 钢筋混凝土桩	m^3	414
500111001031	1.6.4.2.3	灌注桩钢筋制作安装	t	26.89
	1.6.4.3	桥台		
500101002002	1.6.4.3.1	开挖土方	m^3	224
500109001036	1.6.4.3.2	C30 钢筋混凝土桥台	m^3	87
500111001020	1.6.4.3.3	桥台钢筋制作安装	t	10.78
500105003011	1.6.4.3.4	M10 浆砌块石挡土墙	m^3	330
500105003005	1.6.4.3.5	M10 浆砌块石护坡	m^3	46
500103007006	1.6.4.3.6	中粗砂垫层	m^3	15
500105011005	1.6.4.3.7	M10 挡土墙粗料石镶面(20 cm 厚)	m^2	66
500105011004	1.6.4.3.8	挡土墙顶护柱	根	31
500109001004	1.6.4.3.9	C30 钢筋混凝土挡土墙压顶	m^3	6
500111001002	1.6.4.3.10	挡土墙钢筋制作安装	t	0.34
	1.6.4.4	桥墩		
500109001040	1.6.4.4.1	C30 钢筋混凝土桥墩	m^3	102
500111001023	1.6.4.4.2	桥墩钢筋制作安装	t	12.61
	1.6.4.5	上部结构		
500112003003	1.6.4.5.1	C40 预应力空心板(先张法)预制、运输、安装	m^3	275
500109001018	1.6.4.5.2	现浇 C40 钢筋混凝土铰缝	m^3	37
500109010002	1.6.4.5.3	凿毛混凝土	m^2	665

续表 2-1

编码	编号	工程项目及名称	单位	数量
500111001035	1.6.4.5.4	预应力空心板钢筋制作安装	t	57.85
500111001010	1.6.4.5.5	预应力空心板钢绞线制作安装ф^{s}15.2	t	5.33
500109011015	1.6.4.5.6	板式橡胶支座 GYZ－200×42	个	128
500109011007	1.6.4.5.7	四氟板式橡胶组合支座 GYZF4－200×44	个	48
500109011002	1.6.4.5.8	四氟板式橡胶组合支座 GYZF4－150×44	个	16
500109001057	1.6.4.5.9	C30 钢筋混凝土防撞护栏	m	394
500109009003	1.6.4.5.10	微量伸缩缝	m	40
500109001044	1.6.4.5.11	C40 桥面防水混凝土铺装	m^3	108
500111001025	1.6.4.5.12	桥面铺装钢筋制作安装	t	13.63
500109011021	1.6.4.5.13	HDPE 双壁波纹管(Φ150 mm)	m	320
500109011023	1.6.4.5.14	PVC 硬塑料排水管(Φ150 mm×5 mm)	m	498
500103007011	1.6.4.5.15	排水管中粗砂垫层	m^3	55
	1.6.5	人行桥(桥宽 2.5m)(1 座)		
	1.6.5.1	引路		
500103001002	1.6.5.1.1	引路土方回填压实	m^3	267
500109001050	1.6.5.1.2	C30 混凝土路面(厚 20 cm)	m^2	200
500103003003	1.6.5.1.3	三七石灰稳定土(厚 20 cm)	m^2	230
	1.6.5.2	基础		
500108004001	1.6.5.2.1	灌注桩造孔(桩径 120 cm)	m	74
500108004002	1.6.5.2.2	C30 钢筋混凝土桩	m^3	84
500111001011	1.6.5.2.3	灌注桩钢筋制作安装	t	5.44
	1.6.5.3	桥台		
500101002001	1.6.5.3.1	开挖土方	m^3	32
500109001007	1.6.5.3.2	C3 钢筋混凝土桥台	m^3	13
500111001005	1.6.5.3.3	桥台钢筋制作安装	t	1.66
500105003001	1.6.5.3.4	M10 浆砌块石护坡	m^3	15
500103007001	1.6.5.3.5	中粗砂垫层	m^3	5
	1.6.5.4	桥墩		
500109001009	1.6.5.4.1	C30 钢筋混凝土桥墩	m^3	18
500111001007	1.6.5.4.2	桥墩钢筋制作安装	t	2.23
	1.6.5.5	上部结构		
500112003001	1.6.5.5.1	C40 预应力空心板(先张法)预制、运输、安装	m^3	41
500109001001	1.6.5.5.2	现浇 C40 钢筋混凝土铰缝	m^3	3
500109010001	1.6.5.5.3	凿毛混凝土	m^2	59
500111001016	1.6.5.5.4	预应力空心板钢筋制作安装	t	8.31
500111001004	1.6.5.5.5	预应力空心板钢绞线制作安装ф^{s}15.2	t	0.76
500109011003	1.6.5.5.6	板式橡胶支座 GYZ－200×42	个	16
500109011001	1.6.5.5.7	四氟板式橡胶组合支座 GYZF4－200×44	个	8

续表 2-1

编码	编号	工程项目及名称	单位	数量
500109001035	1.6.5.5.8	C30 钢筋混凝土防撞护栏	m	84
500109009001	1.6.5.5.9	微量伸缩缝	m	7
500109001010	1.6.5.5.10	C40 桥面防水混凝土铺装	m^3	18
500111001006	1.6.5.5.11	桥面铺装钢筋制作安装	t	2.08
500109011011	1.6.5.5.12	HDPE 双壁波纹管(ϕ150 mm)	m	80
500109011013	1.6.5.5.13	PVC 硬塑料排水管(ϕ150 mm×5 mm)	m	124
500103007005	1.6.5.5.14	排水管中粗砂垫层	m^3	14
	2	机电设备及安装工程		
	2.1	南寺节制闸		
	2.1.1	厂用电系统		
500201014001	2.1.1.1	柴油发电机组 THLC64PT	组	1
500201016002	2.1.1.2	干变控制柜 SC10－80－10±5%/0.4	台	1
500201016003	2.1.1.3	低压开关柜 GGD2－35(改)	台	1
500201016004	2.1.1.4	照明箱 HBAT－24	台	1
500201016007	2.1.1.5	跌落保险 PRWG1－10FW－100/5	套	3
500201016005	2.1.1.6	低压避雷器 FLT35/3+1－SKP	套	1
500201016008	2.1.1.7	避雷器 Y5WS－12.7/50.0W	套	3
500201016009	2.1.1.8	避雷器 HY5WZ－12.7/45.0	套	3
500201016006	2.1.1.9	10 kV 架空线路终端杆杆高 12 m	基	1
500201016001	2.1.1.10	梯级式电缆桥架 XQJ－T1－01－10－4	t	0.8
	2.1.2	电缆		
500201018007	2.1.2.1	高压电缆 YJV22－8.7/10－3×25	km	0.06
500201018002	2.1.2.2	低压电力电缆 YJV－1－5×70	km	0.015
500201018005	2.1.2.3	低压电力电缆 YJV－1－5×10	km	0.04
500201018004	2.1.2.4	低压电力电缆 YJV－1－4×6	km	0.02
500201018001	2.1.2.5	低压电力电缆 YJV－1－3×6	km	0.01
500201018003	2.1.2.6	控制电缆 KVV－8×1.5	km	0.015
500201018008	2.1.2.7	控制电缆 KVV－10×1.5	km	0.07
500201018009	2.1.2.8	控制电缆 KVV－30×1.5	km	0.07
500201018006	2.1.2.9	控制电缆 RVVP－19×0.3	km	0.04
500201018010	2.1.2.10	控制电缆 JVVPR－2×2×0.5(RS485)	km	0.08
	2.1.3	照明及其他		
500201017003	2.1.3.1	户外电缆终端盒 WDZ	套	3
500201017004	2.1.3.2	户内电缆终端盒 NTN－32	套	3
500201017011	2.1.3.3	接地干线－40×4	m	40
500201017014	2.1.3.4	基础槽钢[8	kg	160
500201017019	2.1.3.5	电缆保护管 G50	kg	500
500201017015	2.1.3.6	电缆保护管 G100	kg	180

续表 2-1

编码	编号	工程项目及名称	单位	数量
500201017018	2.1.3.7	电缆保护管 G32	kg	450
500201017010	2.1.3.8	蛇皮管Φ32	kg	15
500201017012	2.1.3.9	避雷线镀锌圆钢Φ8	kg	50
500201017009	2.1.3.10	双管荧光灯 MD400B－2Y40，2×40W	套	14
500201017006	2.1.3.11	半圆吸顶灯 MX4061，1×40W	套	7
500201017005	2.1.3.12	跷板式单联单控暗装开关 250V，10A	个	4
500201017002	2.1.3.13	跷板式双联单控暗装开关 250V，10A	个	2
500201017007	2.1.3.14	双联二加三安装插座 250V，15A	个	9
500201017001	2.1.3.15	单相三极暗装插座 250V，15A	个	1
500201017017	2.1.3.16	照明导线 BV－500－1×2.5	m	400
500201017013	2.1.3.17	照明导线 BV－500－1×4	m	150
500201017016	2.1.3.18	照明导线穿管 VG15	m	200
500201017008	2.1.3.19	照明导线穿管 VG32	m	10
	2.1.4	控制保护系统		
500201024001	2.1.4.1	机旁控制箱 JXD－ZKX	台	3
500201024002	2.1.4.2	闸门开度传感器与 ZKC 配套	套	3
500201024003	2.1.4.3	闸门开度显示仪 ZKC	套	3
	3	金属结构设备及安装工程		
	3.1	南寺节制闸（1座）		
500202005001	3.1.1	露顶式平面钢闸门（含轴承）	t	15
500202007002	3.1.2	闸门预埋件	t	9.6
500202003001	3.1.3	固定卷扬式启闭机 2×80kN	台	3
500202009002	3.1.4	防腐面积	m^2	567
500202009001	3.1.5	电热管门槽加热装置 4×4 kW	套	3
	3.2	沟（河、渠）穿输水渠倒虹吸（3座5孔）		
500202006001	3.2.1	拦污栅	t	6.5
500202007001	3.2.2	拦污栅埋件	t	2
500114001057	3.2.3	防腐面积	m^2	212
	4	水土保持工程		
500114001052	4.1	速生杨　胸径 5 cm	株	29 387
500114001049	4.2	垂柳　胸径 5 cm	株	6 845
500114001058	4.3	狗牙根与紫羊茅草Ⅰ级	m^2	221 707
	5	环境保护工程		
500114001018	5.1	沉淀池　容量 50 m^3	座	2
500114001014	5.2	化粪池（5号化粪池）	座	1
500114001015	5.3	WSZ－AO 一体化生活污水处理设备（处理规模为 10 m^3/h）	座	1
	6	通信管道工程		

续表 2-1

编码	编号	工程项目及名称	单位	数量
500201028001	6. 1	施工测量通信管道	km	17. 968
500201028002	6. 2	开挖管道沟及人孔坑土方(硬土)	100 m^3	121. 82
500201028003	6. 3	开挖管道沟及人孔坑土方(砂砾土)	100 m^3	6. 09
500201028004	6. 4	回填管道沟及人孔坑土方(夯填原土)	100 m^3	107. 32
500201028005	6. 5	回填管道沟及人孔坑土方(手推车倒运土方)	100 m^3	7. 19
500201028006	6. 6	回填三七灰土	100 m^3	13. 4
500201028007	6. 7	管道沟抽水(弱水流)	100 m	71. 87
500201028008	6. 8	人孔坑抽水(弱水流)	个	9
500201028009	6. 9	管道基础加筋	100 m	3. 59
500201028010	6. 10	铺设镀锌钢管管道 1 孔	100 m	8. 98
500201028011	6. 11	铺设镀锌钢管管道 2 孔(2×1)	100 m	1
500201028012	6. 12	铺设镀锌钢管管道 4 孔(2×2)	100 m	0. 5
500201028013	6. 13	铺设镀锌钢管管道 6 孔(3×2)	100 m	0. 5
500201028014	6. 14	通信管道的混凝土包封 C20	m^3	592. 419
500201028015	6. 15	砖砌手孔(现场吊装上覆)900 mm×1 200 mm	个	15
500201028016	6. 16	砖砌手孔(现场吊装上覆)1 200 mm×1 700 mm	个	6
500201028017	6. 17	人、手孔基础钢筋加工	100 km	9. 42
500201028018	6. 18	敷设埋式小孔径塑料管(2 孔管)	km	17. 968
500201028019	6. 19	小口径塑料管道充气试验	孔 km	35. 935
500201028020	6. 20	小口径塑料管试通	孔 km	35. 935
500201028021	6. 21	微控地下定向钻孔敷管(管长 90 m,Φ120 以下)	处	1
500201028023	6. 22	埋设标石	个	26

其余材料见施工招标文件及图纸。由于篇幅所限,此处略。

2. 3　五莲县盘龙河山洪沟防洪治理项目招标材料

一、招标文件公告节选

(一)招标条件

日照市五莲县盘龙河山洪沟防洪治理项目已经鲁水汛旱字〔2014〕9 号文件批准实施,项目法人为五莲县山洪灾害防治项目建设办公室。资金已落实,项目已具备招标条件,现对该项目的监理、施工进行国内公开招标。

项目名称:日照市五莲县盘龙河山洪沟防洪治理项目

招标人:五莲县山洪灾害防治项目建设办公室

(二)招标内容

主要以疏浚河道、建筑物工程、维修谷坊、加固河堤为主,治理长度为 7. 616 km。

1. 监理标

监理标划分为一个标段；工程监理范围为：对五莲县盘龙河山洪沟防洪治理项目的施工和保修进行全面监理。

2. 施工标

施工标划分为2个标段，选定2家施工企业进行工程施工，投标人可以兼投两个标段，但兼投不得兼中。

Ⅰ标段：盘龙河干流疏浚及桥梁改建工程、小槐树支流工程、大迪吉支流工程。

Ⅱ标段：小迪吉支流工程、葛家沟支流工程、荟果园泄洪沟工程、蔡家沟支流工程。

（三）计划工期

计划工期4个月。

二、工程概况

盘龙河是潮白河的重要支流之一，发源于五莲县叩官镇大耳山南麓，总流域面积25.1 km^2，干流长10.24 km，平均干流比降0.009 34，流经北坪村、黑石子村、白石子村、大迪吉村、小槐树村、大槐树村、常林子村等多个村庄，内有支流若干条，分别流经小迪吉村、小槐树村、蔡家沟村、葛家沟村4个村庄，汇入盘龙河。

盘龙河本次治理河段内主要支流有小迪吉、小槐树、蔡家沟、荟果园泄洪沟、葛家沟等5条，在小迪吉支流0+278处有大迪吉泄洪沟汇入。

（一）各支流流域基本情况

（1）小迪吉支流：发源于五莲县户部乡，干流长4.1 km，流域面积5.4 km^2，在五莲县叩官镇小迪吉村南汇入盘龙河。

（2）大迪吉泄洪沟：发源于五莲县户部乡，干流长1.12 km，流域面积0.37 km^2，在五莲县叩官镇大迪吉村东南汇入小迪吉支流。

（3）小槐树支流：发源于五莲县叩官镇小槐树村东北，干流长1.0 km，流域面积0.25 km^2，在小槐树村东南汇入盘龙河。

（4）蔡家沟支流：发源于五莲县叩官镇蔡家沟村东北，干流长3.9 km，流域面积3.5 km^2，在蔡家沟村西南汇入盘龙河。

（5）荟果园泄洪沟：发源于五莲县叩官镇葛家沟村北，干流长1.604 km，流域面积0.45 km^2，在大槐树村东北汇入盘龙河。

（6）葛家沟支流：发源于五莲县叩官镇葛家沟东北，干流长2.5 km，流域面积2.0 km^2，在葛家沟村西南汇入盘龙河。

（二）主要建设内容

（1）堤防工程：干流清淤疏浚5.225 km，支流筑堤2.391 km。

（2）护砌工程：均位于支流，护砌小迪吉支流0.71 km，大迪吉泄洪沟0.443 km，小槐树支流0.385 km，蔡家沟支流0.35 km，荟果园泄洪沟0.32 km，葛家沟支流0.183 km。总护砌长度2.391 km。

（3）维修工程：主要位于干流，包括原堤岸护砌维修，原拦河坝消力坦维修。

（4）建筑物工程：在荟果园泄洪沟改建涵管为涵洞1座，在大迪吉泄洪沟改建涵管为桥涵5座。在盘龙河干流3 +283 及5 +192 桩号处改建漫水桥为交通桥。

工程质量要求:优良

工程工期:120 日历天。

三、工程量清单

盘龙河项目分类分项工程量清单见表2-2。

表2-2 盘龙河项目分类分项工程量清单(Ⅰ标段)

序号	工程或费用名称	单位	数量	单价	合计	备注
1	第一部分 建筑工程					
2	(一)干流清淤及其他					
3	1. 土石方工程					
4	挖掘机河底挖土	100 m^3	264.100			
5	人工挖装双胶轮车运土	100 m^3	29.400			
6	挖掘机挖装自卸汽车淤泥外运弃土(运距3 km,)	100 m^3	293.500			
7	2. 砌石砌砖工程					
8	拆浆砌石坝导流口	100 m^3	3.05			
9	M10浆砌块石溢流坝导流口恢复	100 m^3	3.050			
10	M10浆砌块石坝后护坦	100 m^3	19.320			
11	坝后防冲槽	100 m^3	26.240			
12	3. 其他工程					
13	经纬仪	台	1.000	4 500.00	4 500.00	
14	水准仪	台	1.000	1 500.00	1 500.00	
15	(二)桥梁改建工程(2座)					
16	1. 土石方工程					
17	挖掘机开挖基础土方	100 m^3	37.780			
18	桥基础石方开挖	100 m^3	5.720			
19	推土机回填桥基碎石土	100 m^3	9.880			
20	打夯机夯实回填土方	100 m^3	8.400			
21	挖掘机开挖桥头排水沟	100 m^3	3.600			
22	2. 砌石砌砖工程					
23	M10浆砌乱石护底	100 m^3	3.960			
24	原拆除石料护底再利用	100 m^3	2.500			
25	M10浆砌块石桥头衔接段挡土墙	100 m^3	3.710			
26	M10浆砌块石桥墩、台身	100 m^3	5.360			
27	M10浆砌乱石桥墩、台基础	100 m^3	6.410			
28	铺筑防冲槽	100 m^3	2.960			
29	原拆除石料防冲槽铺筑再利用	100 m^3	2.960			

续表 2-2

序号	工程或费用名称	单位	数量	单价	合计	备注
30	铺筑墙后碎石垫层	100 m^3	0.326			
31	原漫水桥桥头及挡墙浆砌石拆除	100 m^3	6.200			
32	桥头路级配碎石基础	1 000 m^2	1.200			
33	3. 混凝土及钢筋混凝土工程					
34	C30 混凝土桥板	100 m^3	1.344			
35	C40 混凝土桥面铺装	100 m^3	0.450			
36	C25 混凝土墩台帽	100 m^3	0.320			
37	C30 混凝土防撞护栏	100 m^3	0.677			
38	C30 混凝土枕梁	100 m^3	0.058			
39	C40 混凝土桥头搭板	100 m^3	0.414			
40	C30 混凝土桥头路路面	1 000 m^2	1.200			
41	钢筋制作安装(其他)	1 t	50.787			
42	4. 其他工程					
43	泡沫板伸缩缝	m^2	3.087			
44	Φ50 硬塑排水管	m	172.000			
45	Φ100 PVC 桥面排水管	m	9.000			
46	搭板油毛毡支座	m^2	14.000			
47	桥面钢伸缩缝	m	54.000			
48	桥梁橡胶支座	cm^3	121 275.000			
49	(三)小槐树支流工程					
50	1. 土石方工程					
51	挖掘机清基清表	100 m^3	8.300			
52	挖掘机河道土方开挖	100 m^3	5.75			
53	一般石方开挖	100 m^3	0.640			
54	推土机推土筑堤及回填土方(推运距离 50 m,Ⅲ类土)	100 m^3	6.387			
55	挖掘机挖装 8 t 自卸汽车运蔡家沟,余土筑堤(运距 1 km,Ⅲ类土)	100 m^3	28.520			
56	74 kW 推土机推运石渣(推运距离 20 m)	100 m^3	0.640			
57	机械压实筑堤土方	100 m^3	17.340			
58	打夯机夯实墙后回填土料	100 m^3	13.620			
59	2. 砌石砌砖工程					
60	M10 浆砌块石压顶	100 m^3	0.645			
61	M10 浆砌块石挡土墙镶面	100 m^3	0.718			

续表 2-2

序号	工程或费用名称	单位	数量	单价	合计	备注
62	M10 浆砌乱石挡土墙	100 m^3	8.470			
63	M10 浆砌乱石挡土墙基础	100 m^3	6.870			
64	铺筑墙后碎石反滤层	100 m^3	1.060			
65	泥结碎石堤顶路面	1 000 m^2	0.987			
66	3. 其他工程					
67	闭孔泡沫板伸缩缝	m^2	162.000			
68	Φ50 硬塑排水管	m	462.000			
69	排水管土工布包裹	100 m^2	0.510			
70	坡面排水入沟穿混凝土管	项	1.000			
71	(四)大迪吉支流工程					
72	1. 土石方工程					
73	挖掘机清基清表	100 m^3	2.750			
74	挖掘机河道土方开挖	100 m^3	23.760			
75	推土机推土筑堤及回填土方(推运距离 50 m,Ⅲ类土)	100 m^3	20.960			
76	机械压实筑堤土方	100 m^3	6.800			
77	打夯机夯实墙后回填土料	100 m^3	13.220			
78	2. 砌石砌砖工程					
79	M10 浆砌块石压顶	100 m^3	0.835			
80	M10 浆砌块石挡土墙镶面	100 m^3	0.159			
81	M10 浆砌乱石挡土墙	100 m^3	1.390			
82	M10 浆砌乱石挡土墙基础	100 m^3	1.020			
83	M10 浆砌块石护坡	100 m^3	7.250			
84	M10 浆砌块石护坡齿墙	100 m^3	6.980			
85	铺筑墙后碎石反滤层	100 m^3	2.250			
86	M10 浆砌块石桥涵台身	100 m^3	0.137			
87	M10 浆砌块石桥涵台基础	100 m^3	0.255			
88	泥结碎石堤顶路路面	1 000 m^2	1.050			
89	3. 混凝土及钢筋混凝土工程					
90	C25 混凝土涵洞墩帽	100 m^3	0.158			
91	C30 混凝土涵洞盖板	100 m^3	0.421			
92	C25 混凝土护栏	100 m^3	0.024			
93	钢筋制作安装(其他)	1 t	6.190			
94	4. 其他工程					
95	闭孔泡沫板伸缩缝	m^2	80.600			
96	Φ50 硬塑排水管	m	429.000			
97	排水管土工布包裹	100 m^2	0.510			

续表 2-2

序号	工程或费用名称	单位	数量	单价	合计	备注
98	坡面排水入沟穿混凝土管	项	1.000			
99	第四部分　临时工程					
100	施工导流工程					
101	临时道路工程					
102	临时房屋建筑工程					
103	其他施工临时工程					
工程合计						

其余资料详见招标文件和图纸。限于篇幅,此处略。

2.4　任务一　熟悉资料

学生在拿到实训资料后,首先要熟悉实训资料,明确本次实训的任务,详细阅读招标文件,对工程有全面的了解,包括工程基本情况、等级、工程地质、水文地质、建筑材料供应情况、对外交通情况等。

2.5　任务二　阅读图纸、复核工程量

一、阅读图纸

根据给定的工程图纸,详细阅读图纸,把每个部位、部分搞清楚。可参考以下步骤:

(1)看标题栏及图纸目录。

(2)看总平面布置图。

(3)看立面图。

(4)看截面图。

(5)看局部图。

具体可参考制图课中所学的知识和方法。

二、复核工程量

现阶段我国进行工程施工投标时,工程量有两种情况:一种是招标文件编制时,招标人给出具体的工程量清单,供投标人报价时使用。这种情况下,投标人在进行投标时,应根据图纸等资料对给定工程量的准确性进行复核,为投标报价提供依据。在工程量复核过程中,如果发现某些工程量有较大的出入或遗漏,应向招标人提出,要求招标人更正或补充。如果招标人不作更正或补充,投标人投标时应注意调整单价以减少实际实施过程中由于工程量调整带来的风险。另一种情况是,招标人不给出具体的工程量清单,只给相应工程的施工图。这时,投标报价应根据给定的施工图,结合工程量计算规则自行计算工

程量。自行计算工程量时,应严格按照工程量计算规则的规定进行,不能漏项,不能少算或多算。

2.6 任务三 施工组织设计

一、工程概况

(1)概况。
(2)气象与水文气象。
(3)工程地质与水文地质。
(4)建材供应。
(5)对外交通。
(6)合同项目和工作范围。
本部分内容可参考实训资料和招标文件编写。

二、施工场地总体布置与规划

主要包括施工总体布置思想、布置原则、施工临时工程布置原则、施工给排水及导流、通信、动力、照明及施工道路、生产及生活设施。本部分内容参考招标文件以及《水利水电工程施工组织设计规范》。

三、确定施工组织机构

主要包括施工组织、人员配备、岗位工作分工、施工机械设备配置。

四、拟订施工方案

拟订主要工程的施工方法、质量要求和控制措施,包括:施工测量放样、土方工程、砌石工程、混凝土与钢筋混凝土工程、钢筋工程。

五、施工进度计划

按工程量清单编制进度计划,步骤如下:
(1)草拟各项工程进度,施工延续时间可根据工程量、施工人数、机械数量、劳动定额等确定。在草拟时,要抓住关键,合理安排。
(2)论证施工强度。
(3)平衡、调整、修正计划,以合同要求的工期为目标。如果工期不满足要求,则要调整上工人数和机械数量,直到满足工期要求。
(4)绘制施工进度计划表,以横道图的形式表达。

六、工程质量保证措施

主要包括:质保机构与人员配置、质量检查程序与保证措施、工程材料试验、质检仪器和设备、冬雨季施工措施等。

七、安全施工、文明施工、环境保护措施

（略）

2.7 任务四 编制投标报价

一、报价编制原则

（一）报价要合理

在对招标文件进行充分、完整、准确理解的基础上，编制出的报价是投标人施工措施、能力和水平的综合反映，应是合理的较低报价。当标底计算依据比较充分、准确时，适当的报价不应与标底相差太大。当报价高出标底较多时，往往不被招标人考虑；若报价低于标底较多，则会使投标人盈利减少，风险加大，且易造成招标人对投标人的不信任。因此，合理的报价应与投标人本身具备的技术水平和工程条件相适应，接近标底，低而适度，尽可能为招标人理解和接受。

（二）单价合理可靠

各项目单价的分析、计算方法应合理可行，施工方法及所采用的设备应与投标书中施工组织设计相一致，以提高单价的可信度与合理性。

（三）较高的响应性和完整性

投标单位应按招标文件规定的工作内容、价格组成与计算填写方式编制投标报价文件，从形式到实质对招标文件给予充分响应。

投标文件应完整，否则招标人可能拒绝这种投标。

二、确定各项费用标准

根据现行规定，确定出其他直接费、现场经费、间接费、企业利润、税金等的取费标准。具体取费标准见《山东省概估算编制规定》或《水利工程造价与招投标》。为了使报价合理，提高竞争性，企业利润可适当降低。

三、计算各项基础单价

（一）编制人工预算单价

按照鲁水定〔2008〕1号文的规定，人工工资标准为44.10元/工日。但编制时可根据实际情况自行确定。

（二）编制材料预算价格

（1）列举工程所需的材料。

（2）根据招标文件中提供的材料地点，确定材料原价、运距、运输工具、运输方式、运输单价、采购及保管费率及保险费率。

（3）列表计算各材料的预算价格。主要材料的预算价格要详细计算，包括原价、运杂

费、采购及保管费、运输保险费。次要材料的价格可参考工程所在地工业与民用建筑价格或当地信息价格直接确定。

(三)编制机械台班(时)费

根据施工组织中确定的施工方案,确定出工程所使用的机械类型和规格,然后根据机械的台班(时)费定额,列表确定。

四、各工程单价的编制

根据工程量清单、施工方法,查相应的定额子目,求出各项工程单价。注意在编制砌石工程单价时材料限价的处理。

五、分类分项工程量清单计价的编制

根据工程量清单中各项目的工程量乘工程单价得各分部分项工程项目的费用,各分部分项工程项目的费用合计得各单位工程费用,各单位工程费用合计得分类分项工程量清单计价总费用。

六、编制总报价

根据分类分项工程量清单计价总费用,加上措施项目费、暂列金额,得到投标总报价,按要求格式编制投标报价表,其格式见表2-3。

表2-3　工程项目总价表

工程名称:　　　　　　　　　　　　　　　　　　　　标段:

序号	工程项目名称	金额(元)
1	建筑工程	
2	机电设备及安装工程	
3	金属结构设备及安装工程	
4	水土保持工程	
5	环境保护工程	
6	通信管道工程	
	分类分项工程量清单合计(A)	
	措施项目(B)	×××元
	暂列金额(C)	×××元
	投标总报价(A)+(B)+(C)	×××元

具体编制时可利用凯云水利工程工程量清单计价软件编制,具体操作方法见《水利工程造价与招投标技能训练》。

2.8 任务五 编制投标文件

一、投标文件

投标文件包括投标报价书、投标保函、授权委托书。

二、工程量清单及报价

(1)报价编制说明,包括人工、主要材料、主要设备,施工用电、水、风,砂石料,施工机械台班费等基础单价的计算依据,建筑安装工程定额采用依据,费用计算及标准,环境工程费用的简要说明,编制中存在的其他应说明的问题。

(2)工程量清单:将计算出的工程单价填入工程量清单。

(3)投标报价汇总表。

三、投标辅助资料

(1)工程单价汇总表;

(2)工程单价计算表;

(3)主要材料、设备价格计算表;

(4)人工单价计算表;

(5)施工机械台班费计算表;

(6)拟投入本合同的施工队伍简要情况表;

(7)拟投入本合同的主要机械设备表。

四、施工技术文件和其他投标资料

(1)工程概况;

(2)施工场地总体规划与布置;

(3)施工组织机构;

(4)施工方案;

(5)施工进度计划;

(6)工程质量保证措施;

(7)安全施工保证措施;

(8)文明工地建设措施;

(9)环境保护措施。

投标文件可参考如下目录编制:

第一部分 商务标

第一章 投标报价书

1.1 投标报价书

1.2 投标保函

1.3　授权委托书
第二章　工程量清单及报价
2.1　标价编制说明
2.2　工程量清单
2.3　投标报价汇总表
第三章　投标报价辅助材料
3.1　工程单价分析表
3.2　工程单价汇总表
3.3　计日工、材料、机械表
3.4　拟投入本合同工作的施工队伍简要情况表
3.5　拟投入本合同工作的主要人员表
3.6　拟投入本合同工作的主要机械表
3.7　劳动力计划表
3.8　主要材料和水、电需要量计划表
第二部分　技术标
第四章　施工组织设计
4.1　工程概况
4.2　施工场地总体规划与布置
4.3　施工组织机构
4.4　施工方案
4.5　施工进度计划
4.6　工程质量保证措施
4.7　安全施工保证措施
4.8　文明工地建设措施
4.9　环境保护措施
第五章　项目管理机构
第六章　资格审查资料
第七章　其他材料

五、设计参考书

(1)《山东省水利工程预算定额(2000)》(第一至五册);

(2)《水利工程施工学习指导与技能训练》、《水利工程造价与招投标》(尹红莲等,黄河水利出版社,2014);

(3)《山东省水利水电工程设计概(估)算费用构成及编制方法》(鲁水定字〔2000〕1号文);

(4)《水利工程设计概(估)算编制规定》(水利部水总〔2014〕429号);

(5)《水利部建筑工程预算定额》(2002)(上、下册);

(6)《水利水电工程施工组织与管理》(钟汉华等,中国水利水电出版社,2005);

(7)《水利水电工程施工组织设计规范》(SL 303—2004);
(8)《水利水电工程施工测量规范》(SL 52—93);
(9)《水利工程工程量清单计价规范》(GB 50501—2007)。

2.9 任务六 工程开标现场模拟

一、步骤

(1)划分小组,成立招标单位、投标单位、公证单位、监督单位等。
(2)颁发工程招标文件、工程施工图。研究和领会招标文件,读懂工程施工图。
(3)进行投标的准备工作。
(4)进行工程现场踏勘并召开答疑会。
(5)进行投标文件的编制。
(6)进行投标文件的密封与提交。

二、参加开标会

(1)招标人签收投标人递交的投标文件。

在开标当日且在开标地点递交的投标文件的签收应当填写投标文件签收一览表。在招标文件规定的截标时间后递交的投标文件不得接收,由招标人原封退还给有关投标人。

在截标时间前递交投标文件的投标人少于三家的,招标无效,开标会即告结束,招标人应当依法重新组织招标。

(2)投标人出席开标会的代表签到。

投标人授权出席开标会的代表本人填写开标会签到表,招标人专人负责核对签到人身份,应与签到的内容一致。

(3)开标会主持人宣布开标会开始,主持人宣布开标人、唱标人、记录人和监督人员。

开标人一般为招标人或招标代理机构的工作人员,唱标人可以是投标人的代表或者招标人或招标代理机构的工作人员,记录人由招标人指派,监督部门工作人员进行现场监督。

(4)开标会主持人介绍主要与会人员。

主要与会人员包括到会的招标人代表、招标代理机构代表、各投标人代表、监督人员等。

(5)主持人宣布开标会程序、开标会纪律和当场废标的条件。

开标会纪律一般包括:

①场内严禁吸烟;

②凡与开标无关人员不得进入开标会场;

③参加会议的所有人员应关闭通信设备,开标期间不得高声喧哗;

④投标人代表有疑问应举手发言,参加会议人员未经主持人同意不得在场内随意走动。

投标文件有下列情形之一的，应当场宣布为废标：

①逾期送达的或未送达指定地点的；

②未按招标文件要求密封的。

(6)核对投标人授权代表的身份证件、授权委托书及出席开标会人数。

招标人代表出示法定代表人委托书和有效身份证件，同时招标人代表当众核查投标人的授权代表的授权委托书和有效身份证件，确认授权代表的有效性，并留存授权委托书和身份证件的复印件。法定代表人出席开标会的要出示其有效证件。主持人还应当核查各投标人出席开标会代表的人数，无关人员应当退场。

(7)主持人宣布投标文件截止和实际送达时间。

宣布招标文件规定的递交投标文件的截止时间和各投标单位实际送达时间。在截标时间后送达的投标文件应当场废标。

(8)招标人和投标人的代表共同检查各投标书密封情况。

密封不符合招标文件要求的投标文件应当场废标，不得进入评标。密封不符合招标文件要求的，招标人应当通知监督人员到场见证。

(9)主持人宣布开标和唱标次序。

(10)公布标底和投标人报价。

招标人设有标底的，标底必须公布。唱标人公布标底、投标人报价。

(11)投标人代表、招标人代表、监标人、记录人等有关人员在开标记录上签字确认。

(12)主持人宣布开标会结束。

项目3 工程建设项目信息化管理

——项目管理软件 PowerOn 上机练习

工程建设项目信息化管理是顺应近年来工程项目日趋扩大、技术日趋复杂,对工程质量、工期、费用的控制日益严格的形势下发展起来的新兴学科。其研究对象,可以是项目决策阶段的宏观管理,也可以是项目实施阶段的微观管理。在工程建设项目管理中引入现代信息技术是促进工程建设项目管理现代化、科学化的基本保证。随着计算机信息技术的发展,近年来国内外许多工程建设项目都采用了计算机管理信息系统来进行建设管理,像三峡工程、小浪底工程等都采用了信息管理技术。核电站、航天、钢铁、石油化工、地铁工程和水利水电枢纽工程等许多大型基建项目均具有投资大、周期长、技术难、接口多、管理协调十分复杂等特点,应用信息系统对于改进工程项目管理、提高工效和工作质量、降低造价、积累信息财富、提高大型基建企业市场竞争能力具有十分重要的意义。

本项目结合山东水利职业学院软件实训中心的普华项目管理集成系统(PowerOn)介绍项目管理软件的使用方法。

3.1 练习背景

AB 工程公司是一家国有大型企业,在国内外有众多的承包项目,但各个项目的管理缺乏标准的方式方法,企业领导不能及时准确地掌控各个项目的进度、费用、质量等执行状况,企业缺乏管理众多复杂项目的 IT 系统。

企业老总刘海和 CIO 张军经过半年多的选型与比较,决定选用普华项目管理集成系统(PowerOn)作为企业的多项目管理平台,对各个项目的业务过程进行管理与控制。并决定选择 APEX 项目作为试点项目,进行深度应用。

APEX 是一个总价 5 亿元人民币的总承包项目,项目经理李强,总工欧阳华,费用控制工程师张天同,进度控制工程师赵度,采购工程师王一,行政及档案管理人员王霞,质量控制工程师钱林,HSE 工程师孙平,IT 工程师包辉。

3.2 软件操作

一、系统初始化

系统初始化步骤如下:

(1)定义系统主单位。

(2)定义企业项目分类(EPS)。

(3)建立企业部门。

(4)在人力资源管理模块添加人员。

(5)建立企业岗位分解结构。

(6)生成企业管理网络。

(7)建立项目。

(8)建立项目部门。

(9)把人员调拨到项目,组织项目团队。

(10)建立项目岗位分解结构。

(11)生成项目管理网络。

(12)建立用户。

(13)分配权限。

(一)更改系统主单位(管理单位)

操作:【企业数据定义】→【单位】→【管理单位】,改“PowerOn”为“AB 工程公司”,见图 3-1。备注:圈线或画线的为需要输入的内容,以下同。

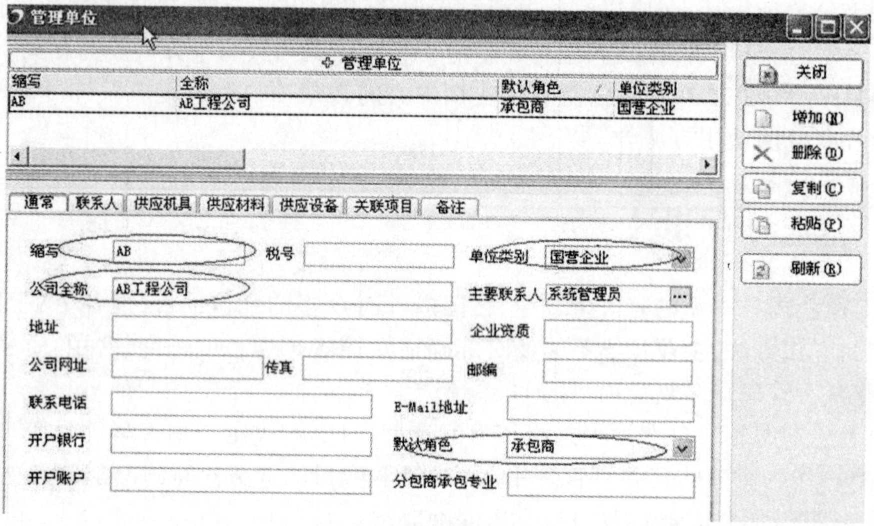

图 3-1　管理单位输入

(二)定义项目分类(EPS)

操作:【企业数据定义】→【项目分类】,见图 3-2。备注:代码字段中输入短代码即可,界面自动显示的是长代码,以下同。

(三)建立企业部门

操作:【企业数据定义】→【企业部门】,建立 7 个企业部门。只需输入“本级代码”和“名称”,见图 3-3。

(四)在人力资源管理模块添加人员

需要增加到系统中的部门人员清单如图 3-4 所示。

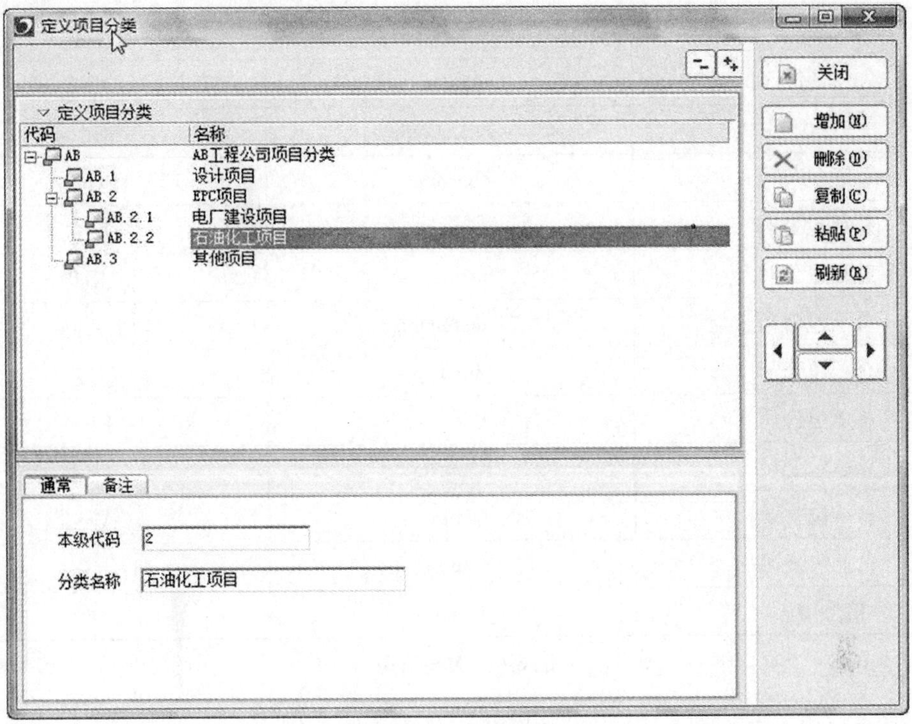

图3-2　项目分类输入

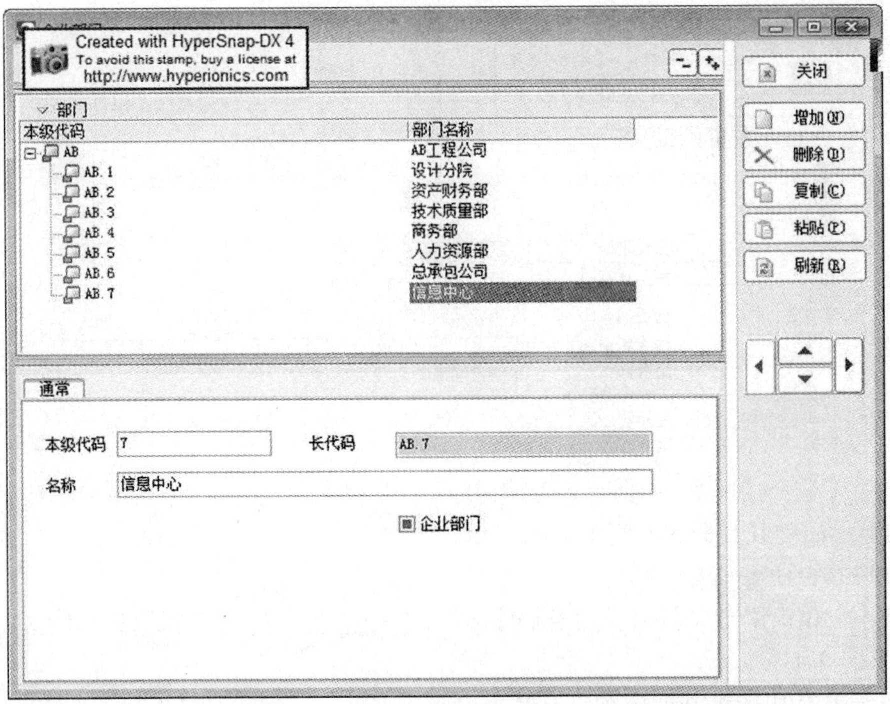

图3-3　定义企业部门

部门节点	人员代码	姓名
AB 工程公司	Liuhai	刘海
信息中心	Zhangjun	张军
总承包公司	Zhaotong	赵同
总承包公司	Liqiang	李强
总承包公司	Ouyanghua	欧阳华
总承包公司	Zhangtiantong	张天同
总承包公司	Zhaodu	赵度
总承包公司	Wangyi	王一
总承包公司	Wangxia	王霞
总承包公司	Qianlin	钱林
总承包公司	Sunping	孙平
信息中心	Baohui	包辉

图 3-4　人员清单

操作:【模块】→【人力资源】→【视角切换】→【企业人力资源定义】→【增加】按钮,见图 3-5。

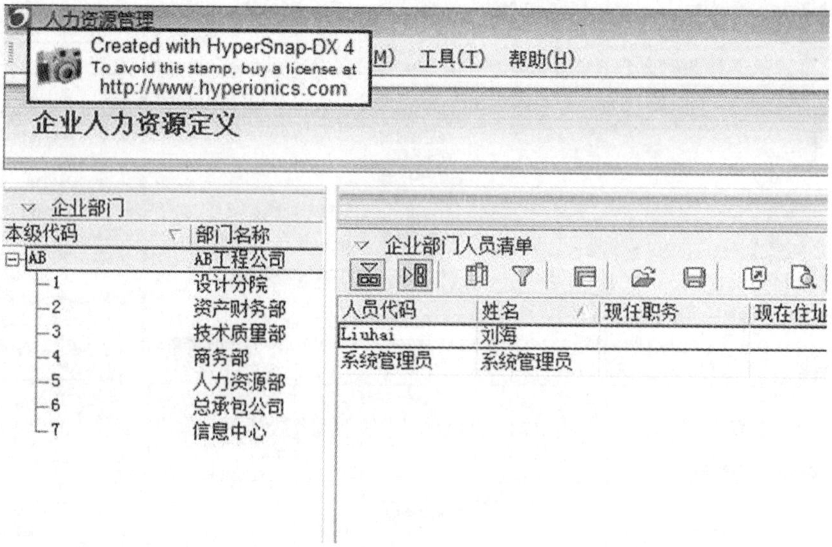

注:在顶层节点下,增加“刘海”,千万别把系统管理员改成“刘海”!

图 3-5　企业人员输入

(五)建立企业岗位分解结构

操作:【企业数据定义】→【岗位分解结构】,建立 4 个岗位,选择岗位对应的部门、具体人员,见图 3-6。

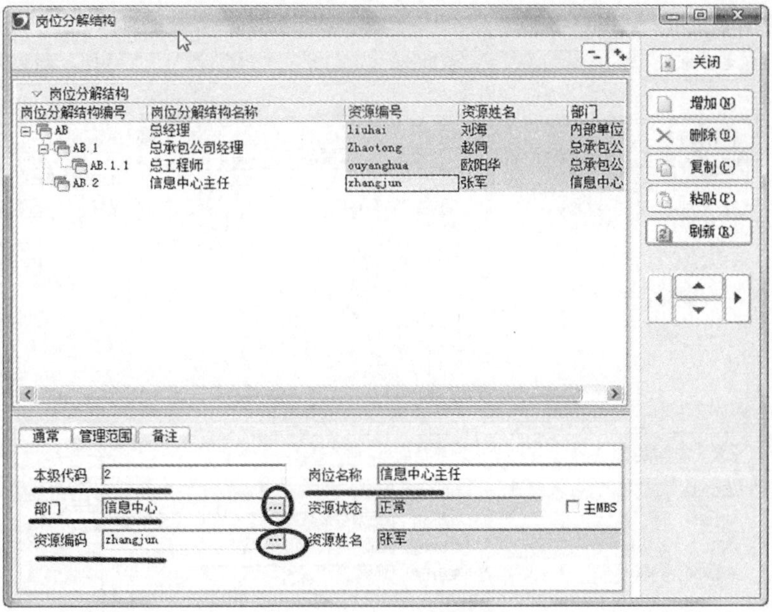

图3-6 岗位分解结构

(六)给每个岗位分配管理职责

备注:按作业要求,一定要给每个岗位都分配全部的管理范围,切记!否则后面的管理网络生成不了。见图3-7。

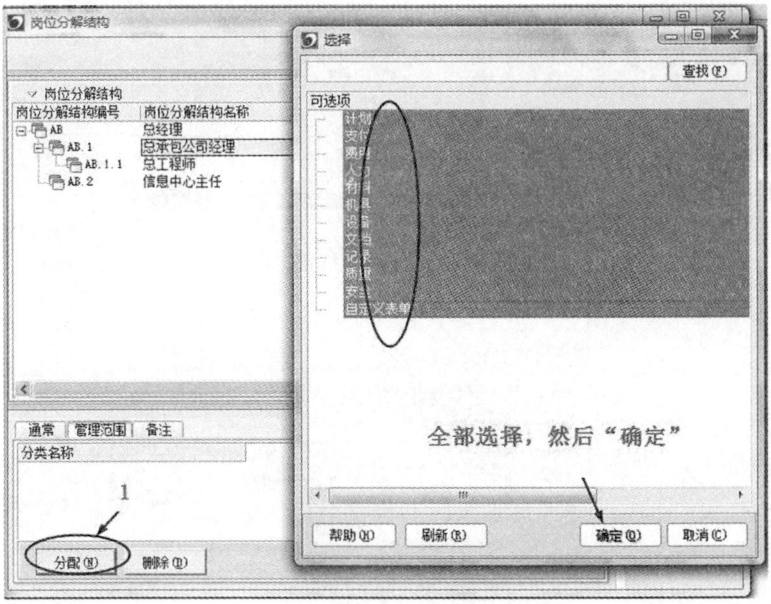

图3-7 岗位职责分配

(七)生成企业管理网络

操作:【企业数据定义】→【管理网络】。只要【是否生成所有管理网络】打上钩,单击

【生成管理网络】即可，见图 3-8。

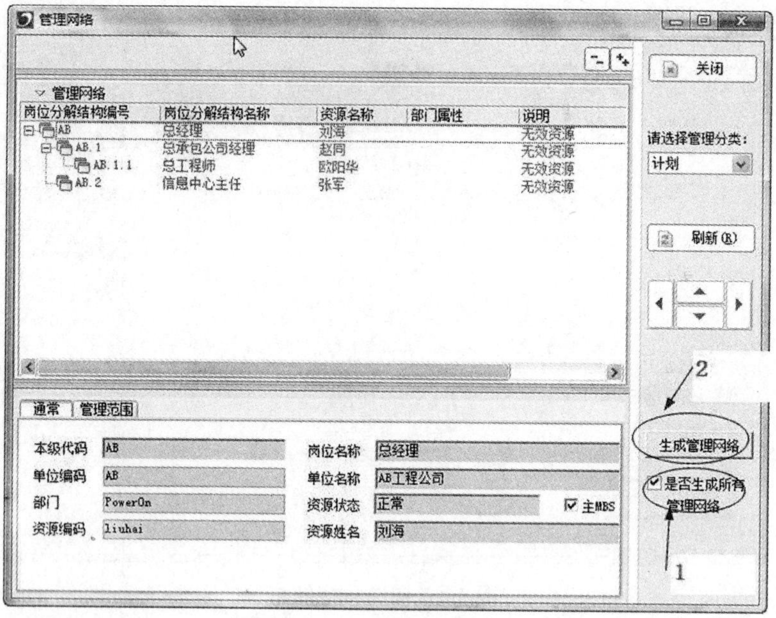

图 3-8　企业管理网络

（八）建立项目

操作：【项目概况】→“电厂建设项目”节点→【增加】。需要输入的字段信息包括项目代码、项目名称、开工日期、完工日期等，见图 3-9。

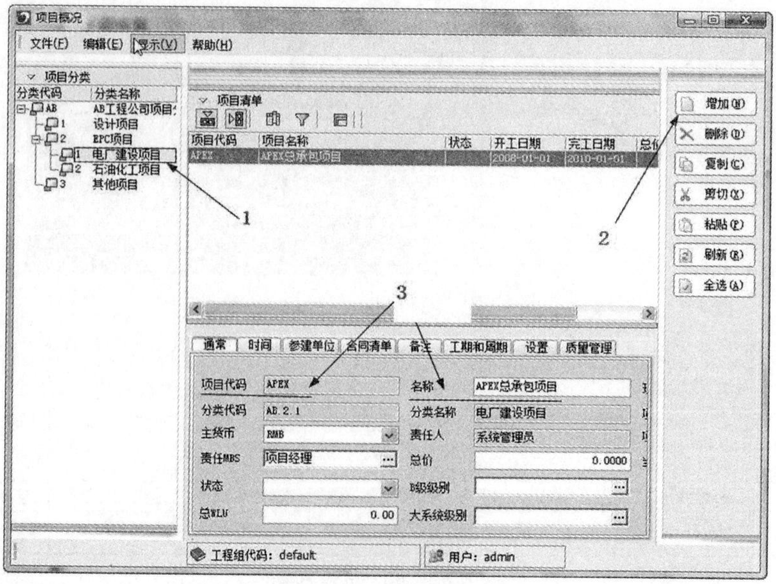

图 3-9　建立项目

（九）打开项目

备注：管理员默认有打开 APEX 项目的权限，见图 3-10。

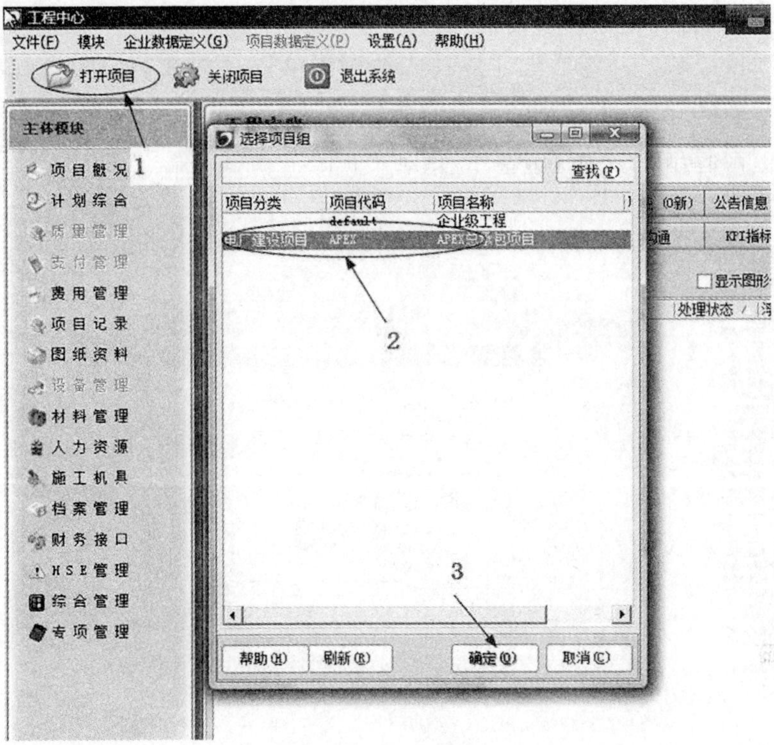

图 3-10　打开项目

(十)建立项目部门

操作:【项目数据定义】→【项目部门】,建立 3 个部门,如图 3-11 所示。

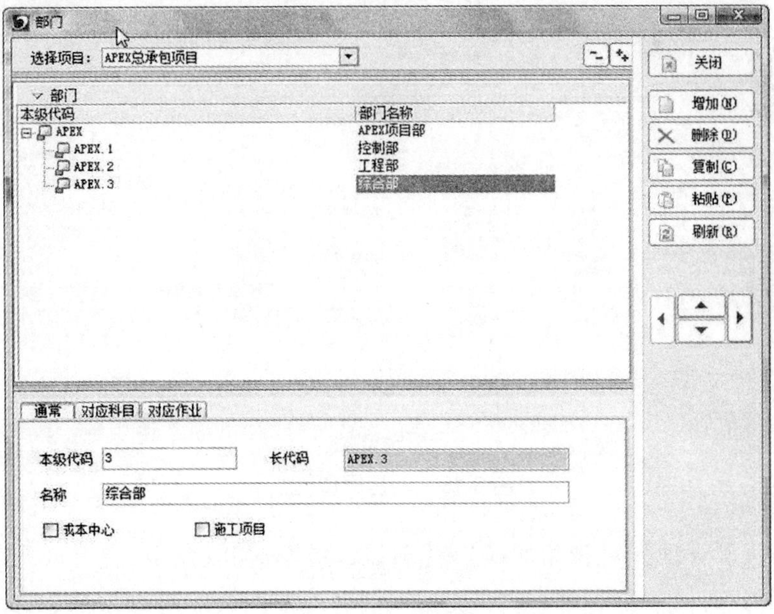

图 3-11　建立项目部门

（十一）人员调拨（企业→项目）

操作：【项目记录】→【沟通管理】→【人员调拨单】→【增加】按钮，在弹出的【人员调拨单向导】中，选择“从企业到项目”，见图 3-12、图 3-13。

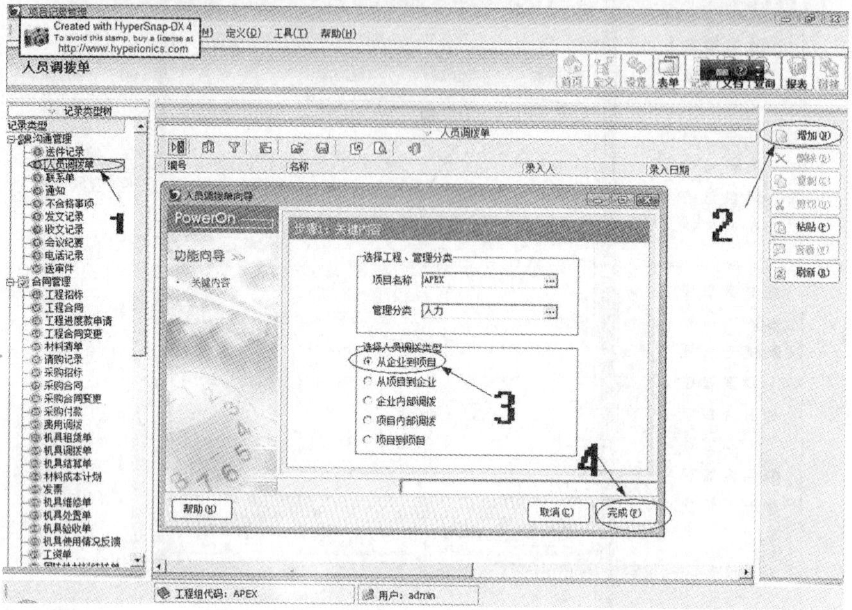

图 3-12　人员调拨（一）

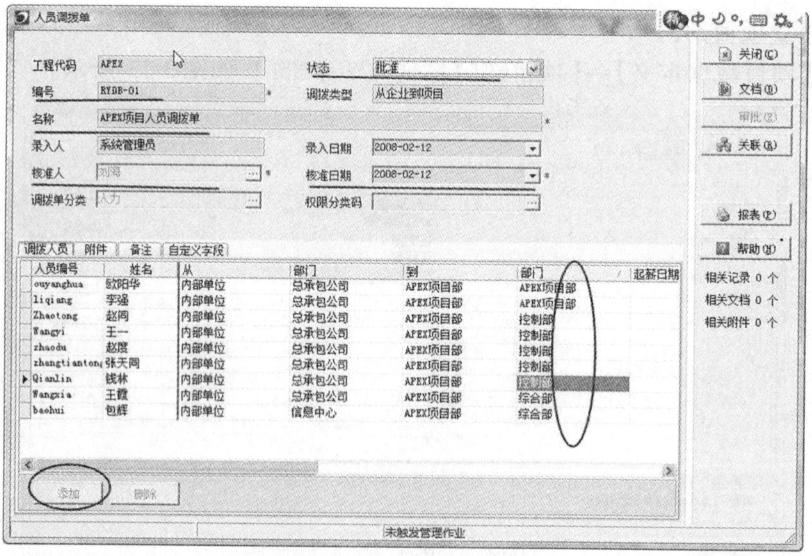

图 3-13　人员调拨（二）

在【人力资源管理】→【视角切换】→【项目人员调拨】视角下，查看人员调拨结果，如图 3-14 所示。

备注：这里要注意从……到……一定要选择到哪里，然后整个表单的状态要手工修改为“批准”。

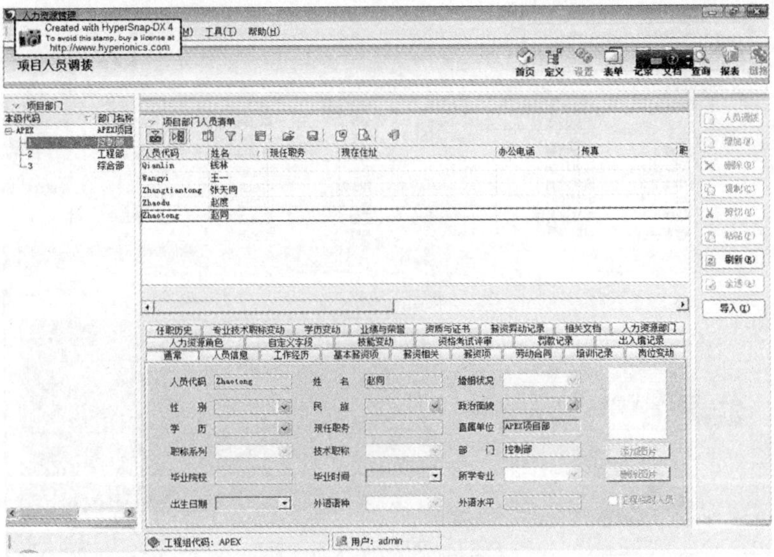

图3-14　人员调拨结果

（十二）建立项目岗位分解结构

操作：【项目数据定义】→【岗位分解结构】。输入代码、名称，建立如图3-15所示岗位，选择每个岗位对应的部门、人员。

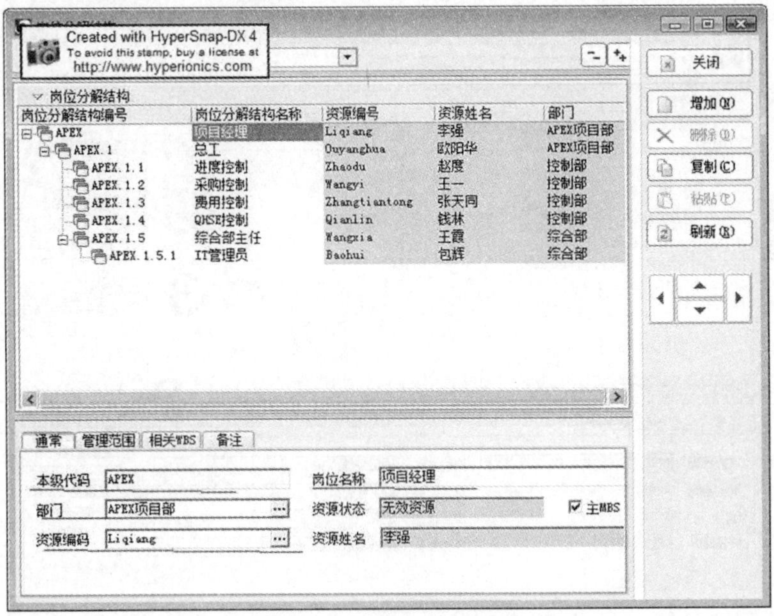

图3-15　岗位分解结构

（十三）给每个项目岗位分配管理职责范围

注意：为练习需要，务必给每个岗位分配所有的管理职责。操作：【项目数据定义】→【岗位分解结构】→【管理范围】，如图3-16所示。

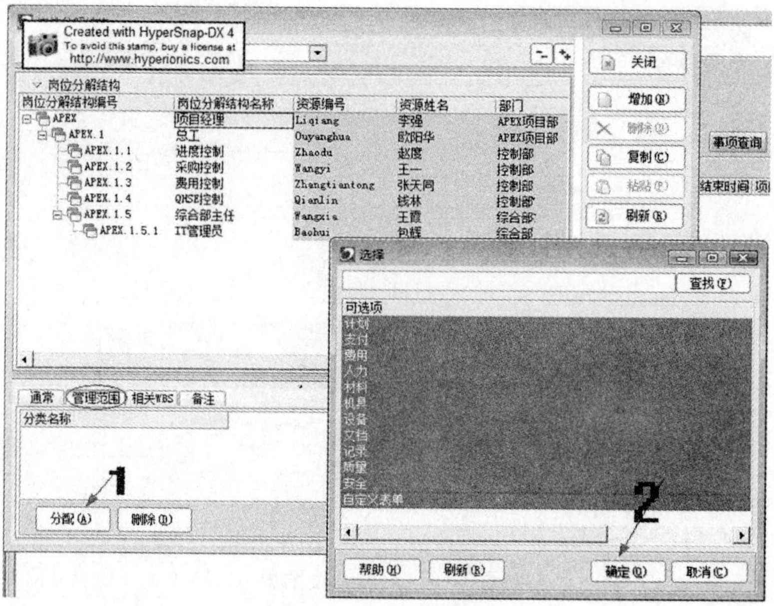

图 3-16　岗位管理范围

(十四)生成项目管理网络

操作:【项目数据定义】→【管理网络】,如图 3-17 所示。

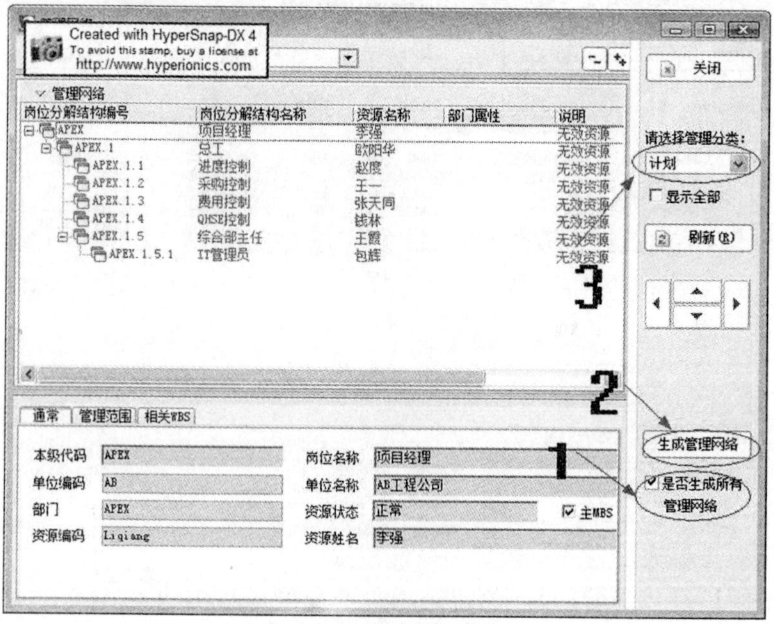

图 3-17　管理网络生成

(十五)用户与权限设置——设置权限分组

操作:【设置】→【权限组】,在“企业级权限组”下,把“系统管理员”设置为默认,如图 3-18 所示。

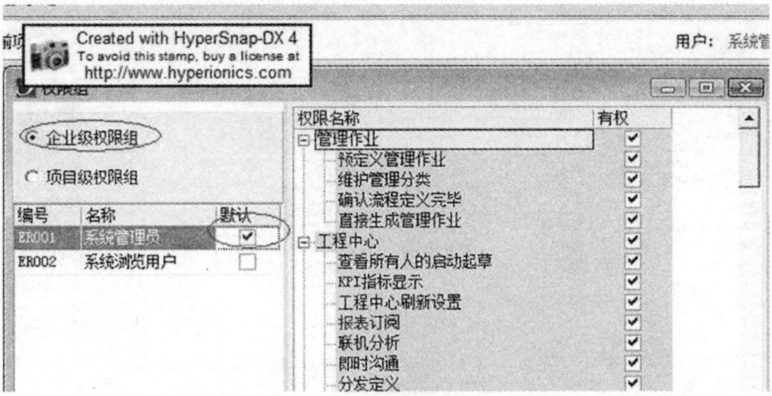

图3-18 权限设置(一)

在“项目级权限组”下,把“项目经理”设置为默认。增加2个权限分组,分别是“控制部用户”和“综合部用户”,默认权限点全部打钩,见图3-19。

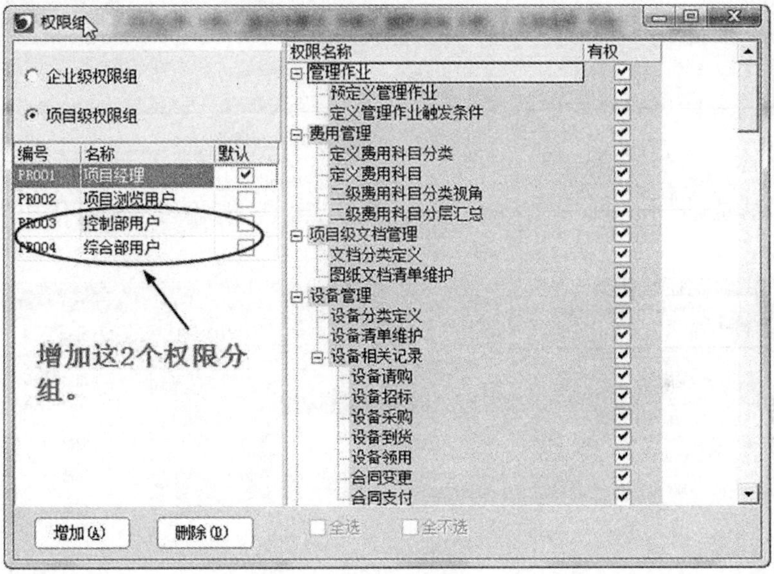

图3-19 权限设置(二)

(十六)用户与权限设置——增加用户

操作:【设置】→【用户管理】,如图3-20所示。

(十七)用户与权限设置——给用户分配权限

操作:【设置】→【用户管理】。给每个用户都分配项目访问权限:针对每个用户增加APEX项目,且权限组名称为“项目经理”。

二、计划综合管理

(一)建立项目施工WBS

操作:【项目数据定义】→【项目WBS】。增加“土建”、“安装”、“调试”3大节点,以及

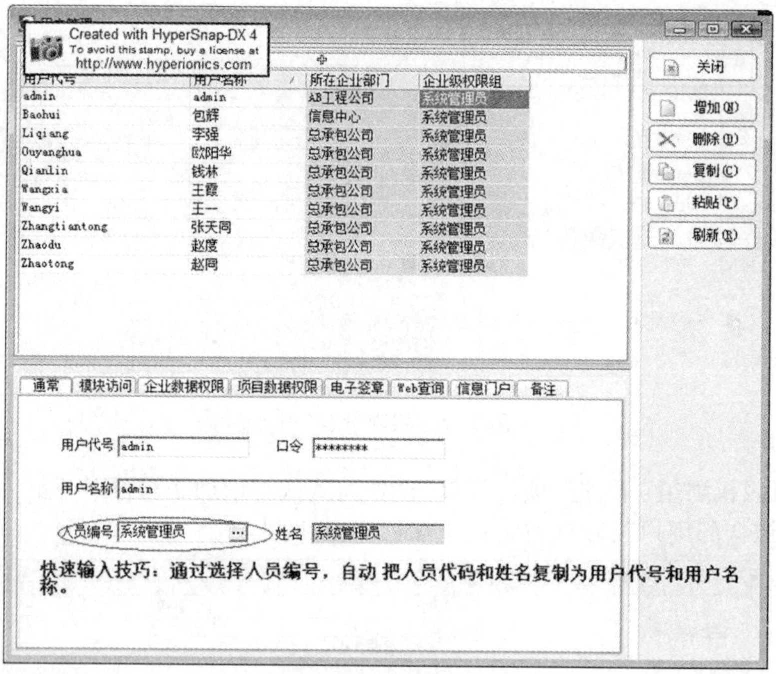

图 3-20　增加用户

“土建”下“地基基础”和“混凝土浇筑”2 个子节点。只需输入“本级代码”和“WBS 名称”，见图 3-21。

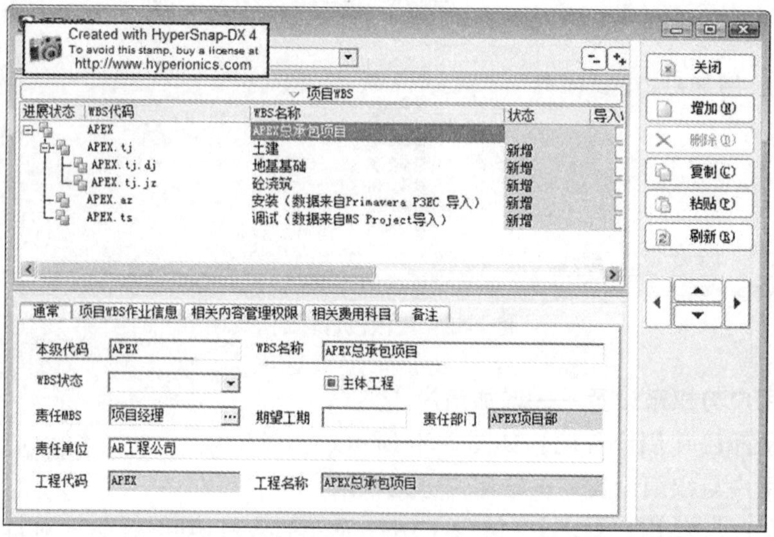

图 3-21　建立 WBS

（二）主计划编制——使用 PowerOn

1. 增加作业

操作：【计划综合】→【视角切换】→【项目 WBS】。增加 3 道作业，填写作业代码、名称和原定工期，见图 3-22。

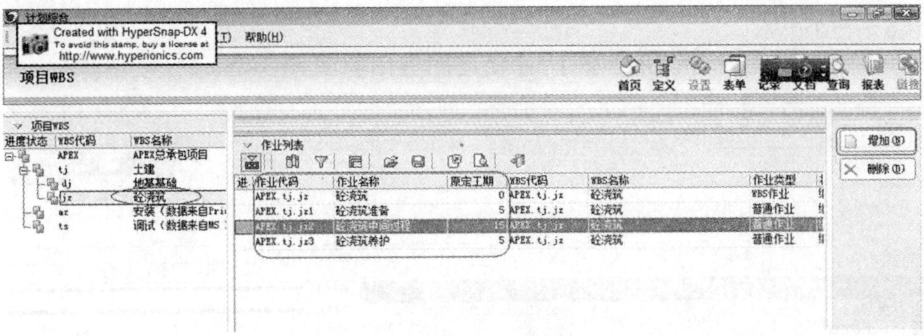

图 3-22　增加作业

2. 建立作业间逻辑关系

3 道作业间都是完工—开工关系。操作:【计划综合】→【视角切换】→【项目 WBS】→【逻辑关系】,如图 3-23 所示。

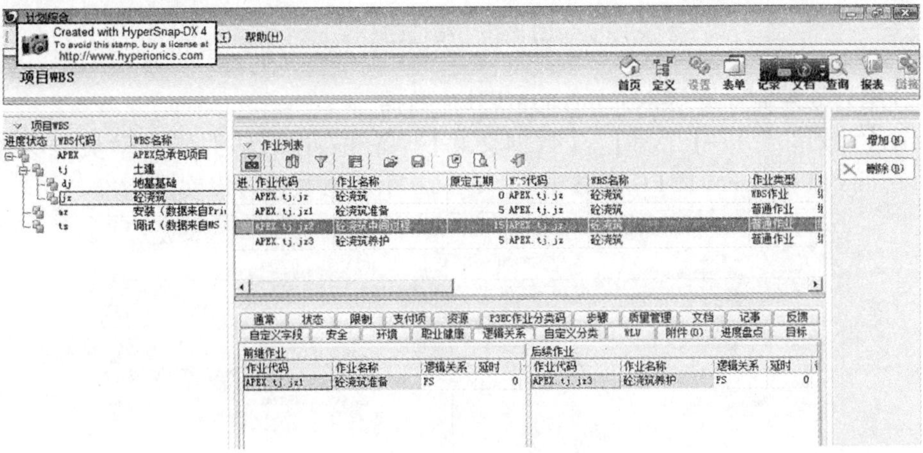

图 3-23　建立作业逻辑关系

3. 进度计算

操作:【计划综合】→【工具】→【进度计算】,见图 3-24。

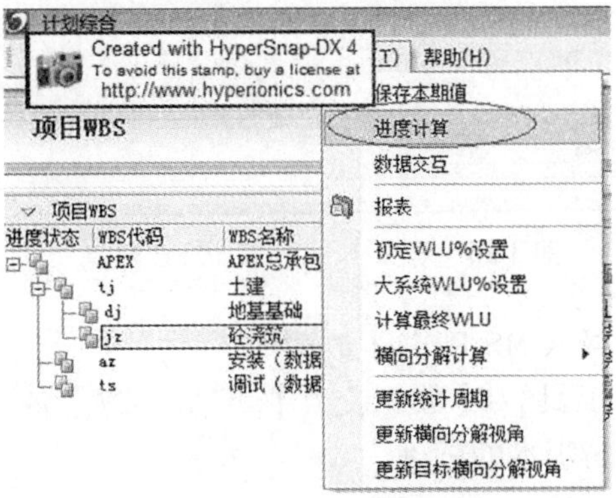

图 3-24　进度计算

4. 横道图展示

操作:【计划综合】→【视角切换】→【横道图视角】,见图3-25。

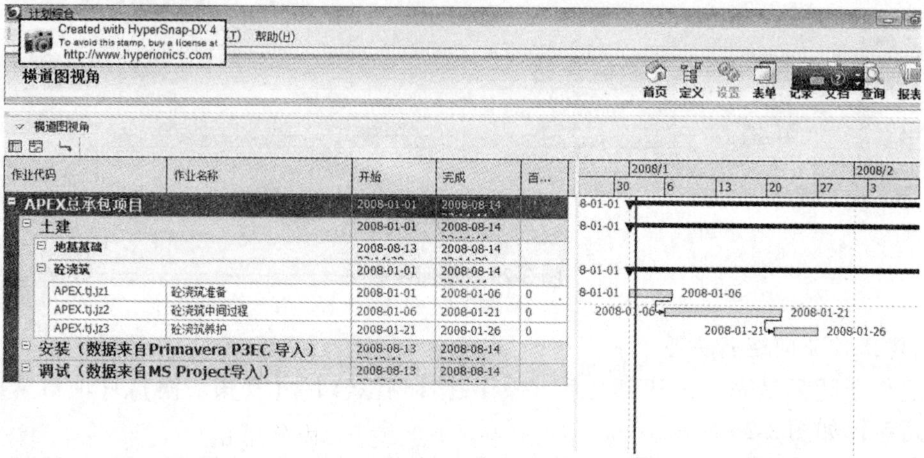

图3-25　横道图

(三)主计划编制——导入 Primavera P3EC 数据

操作:【计划综合】→【工具】→【数据交互】。备注:此节练习,需要学员能够通过参数设置,访问到 Primavera P3EC 的数据库,图3-26中的参数设置以实际为准。

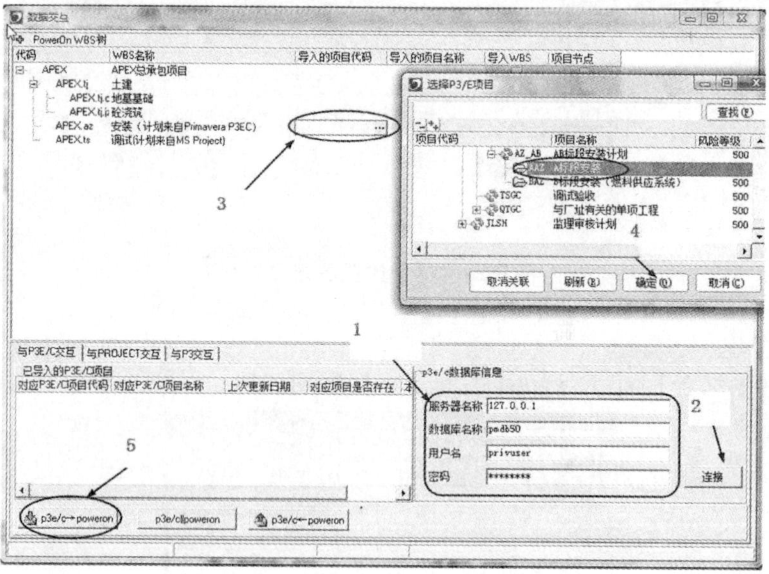

图3-26　导入 Primavera P3EC 数据

(四)主计划编制——导入 MS Project 数据

操作:【计划综合】→【工具】→【数据交互】,见图3-27。备注:需要操作者机器上安装有 MS Project 2003 或更高版本的软件。

(五)辅助计划的编制

编制辅助计划有两种方法:

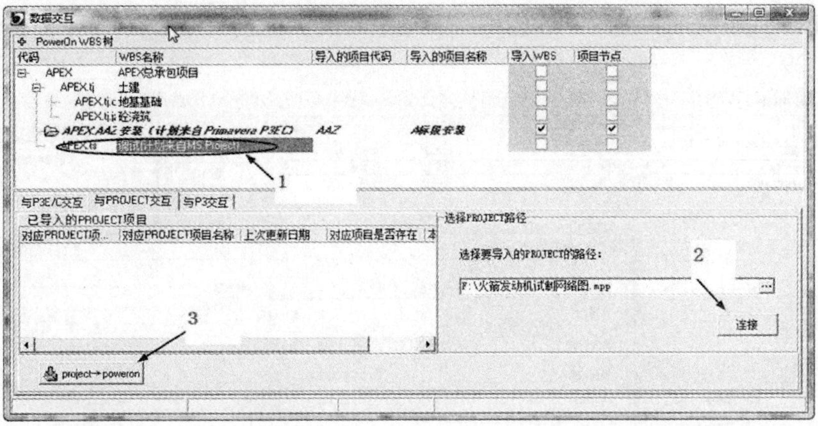

图 3-27 导入 MS Project 数据

(1)依托主进度计划,在作业上加载相关业务对象,由作业的计划时间,自动产生对业务对象的计划时间要求;

(2)不依托主进度计划,在各个业务模块,自行编制各种辅助的业务计划。

三、采购管理

采购管理练习步骤:建立供应商,建立物资编码→编制物资需求计划→生成请购单→请购单审查→物资招标→签订物资采购合同→物资到货处理→入库,领料单→出库,结转、盘点、库存管理。

(一)增加供应商

操作:【项目数据定义】→【项目单位】→【供应商】。增加2家物资供应商,见图3-28。注:"主要联系人"是选择过来的,也就是先要添加联系人,然后再选择主要联系人。

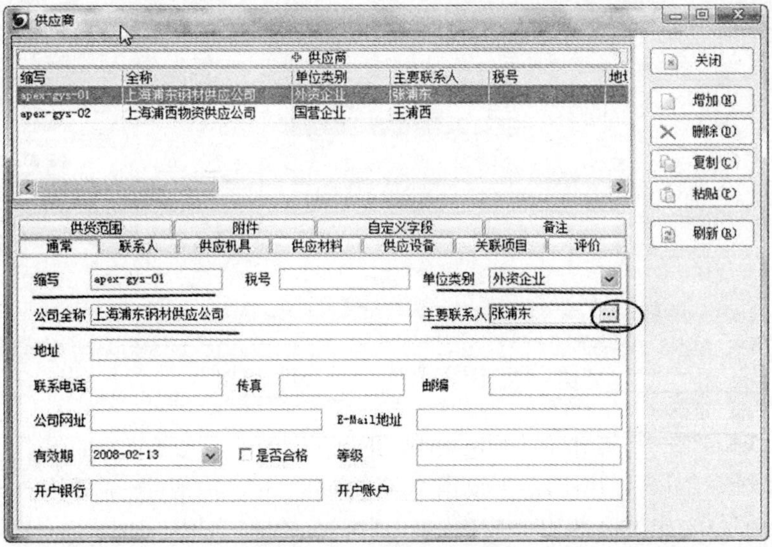

图 3-28 增加供应商

(二)增加供应商联系人

见图 3-29。

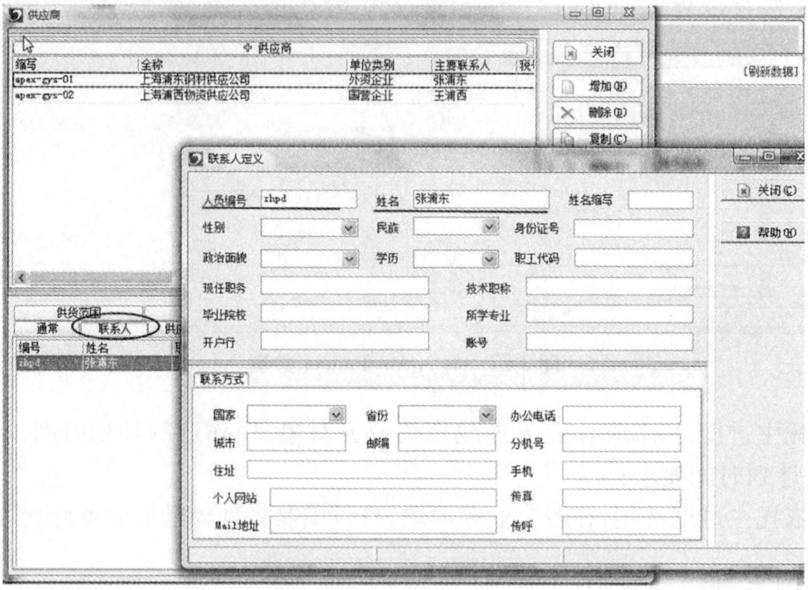

图 3-29 增加供应商联系人

(三)定义物资分类(材料)

操作:【企业数据定义】→【资源分解结构】→【材料分类】,建立 4 种材料分类编码,见图 3-30。

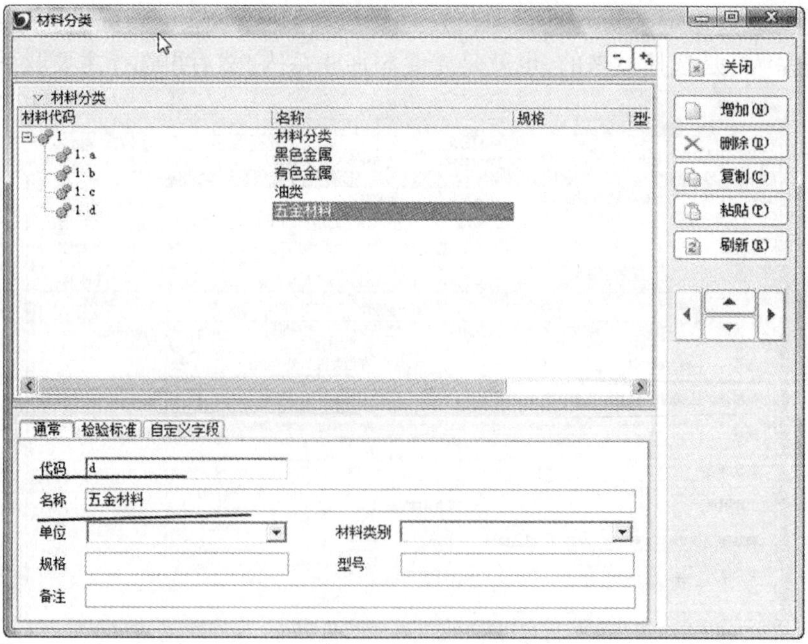

图 3-30 定义物资分类

(四)定义物资编码(材料)

操作:【材料管理】→【视角切换】→【物资项维护】。在"黑色金属"节点下,增加4种不同规格型号的材料。输入代码、名称、规格、型号,见图3-31。

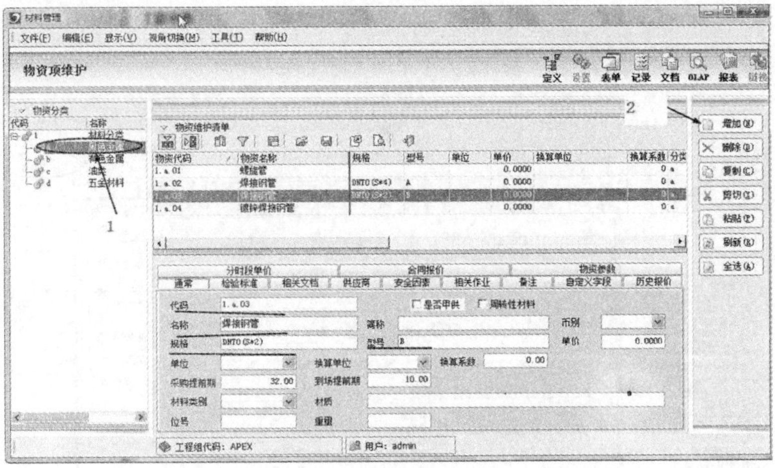

图3-31 定义物资编码

(五)编制物资需求计划(不做练习要求)

编制物资需求计划有如下几种方法:

(1)在计划综合模块,通过在作业上加载需要的材料、设备来实现;

(2)直接提取项目记录【材料成本计划】实现,适合施工单位;

(3)使用自定义表单的【材料清单】实现,适合工程公司。

(六)切换用户,打开项目

切换用户操作:【文件】→【切换用户】,以"Wangyi"登录;打开项目操作:【文件】→【打开项目】,打开APEX总承包项目,见图3-32。

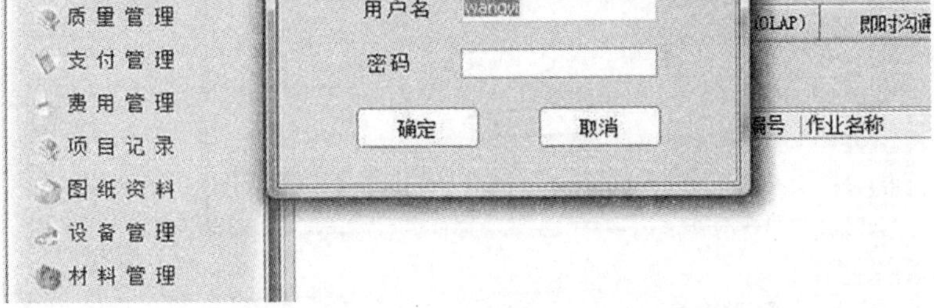

图3-32 切换用户,打开项目

（七）提请购单

操作：【项目记录管理】→【请购记录】。在【请购单向导】中选择“材料”请购，增加4个材料项，填写“计划请购数量”和“核准请购数量”等信息，最后手工把记录状态改成“批准”，见图3-33。

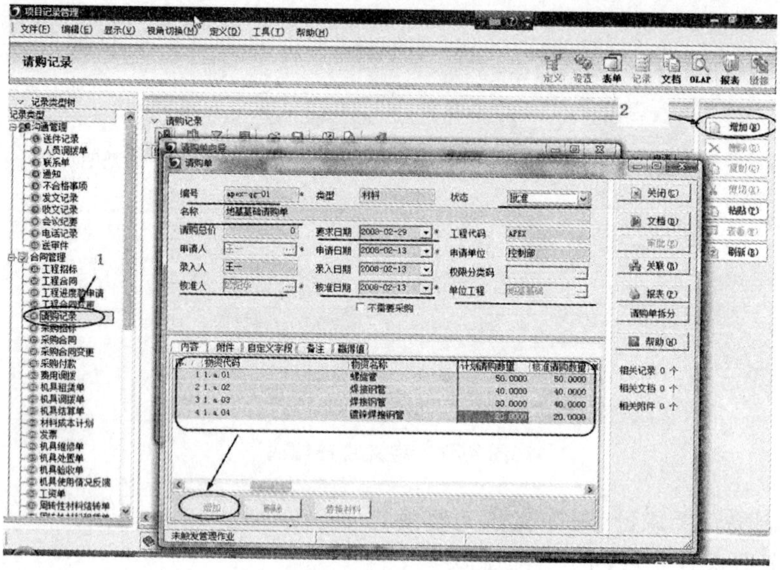

图3-33　提请购单

备注：务必填写“核准请购数量”！

（八）招标询价

（1）从请购单“apex－qg－01”按“投标报价模式”生成材料招标记录。操作：【项目记录管理】→【采购招标】，见图3-34。

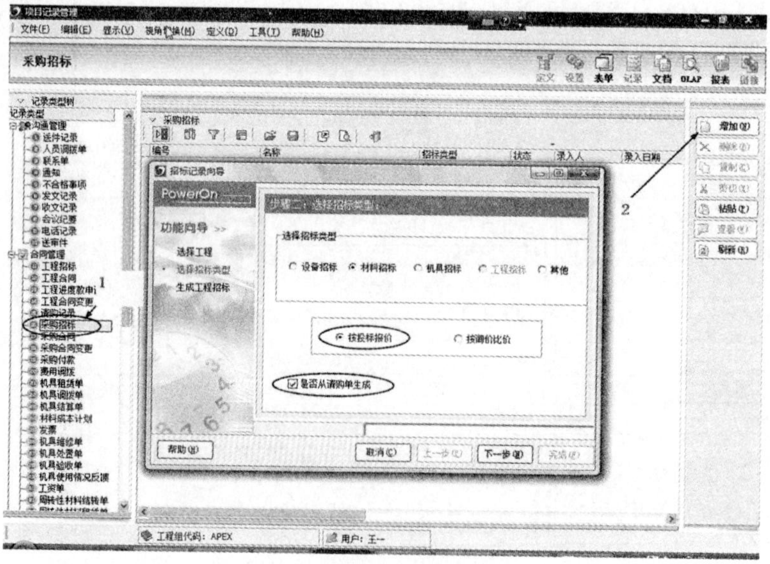

图3-34　采购招标

（2）填写厂商投标报价，并定标。操作：分别输入 2 个厂家的投标单价，选择“上海浦东钢材供应公司”中标，并且把记录状态由“批准招标”手工改为“定标”，见图 3-35。

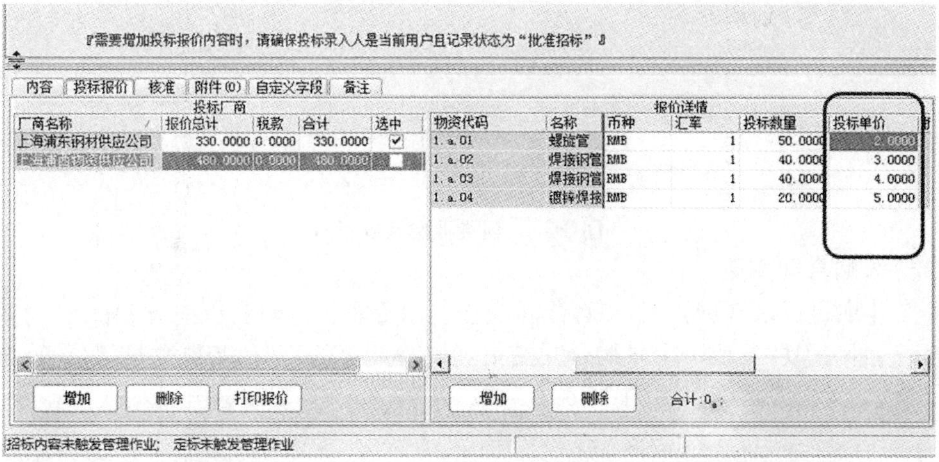

图 3-35　定标

（九）签订采购合同

（1）建立并输入合同基本信息。操作：【项目记录管理】→【采购合同】，选择从招标记录“apex－cght－01”创建采购合同，见图 3-36。

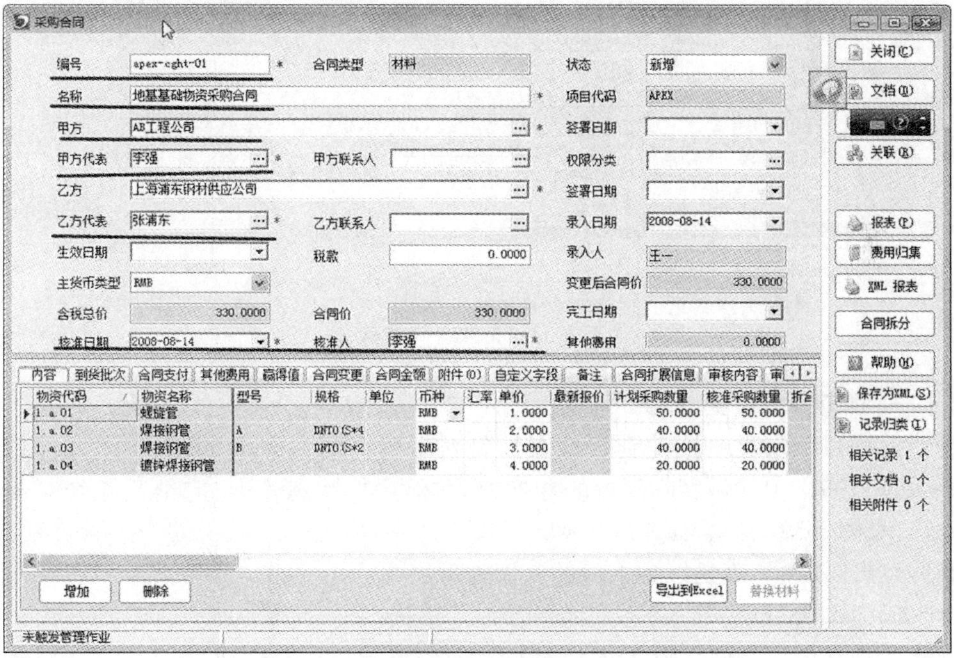

图 3-36　采购合同

（2）输入计划到货批次及计划支付信息。操作：输入采购合同的计划到货批次及计划支付信息，同时把采购合同中状态改为“批准”，见图 3-37。

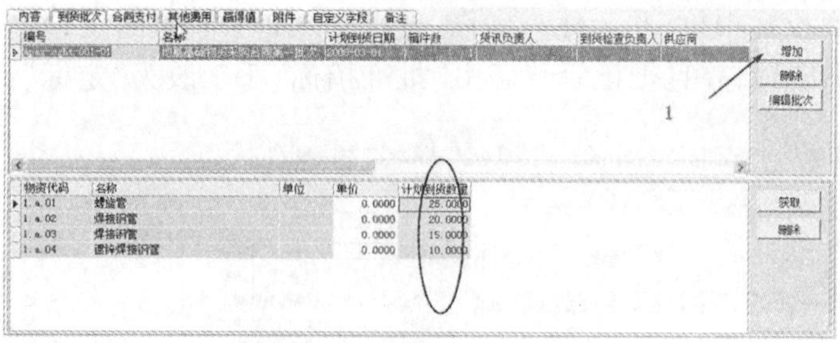

图 3-37　到货批次及支付

(十)采购合同变更

操作:【项目记录管理】→【采购合同变更】,在【采购合同变更向导】中,针对采购合同“apex - cght - 01”生成一个采购合同变更。填写变更的物资、变更数量等信息,最后手工把记录状态改成“批准”,见图 3-38。

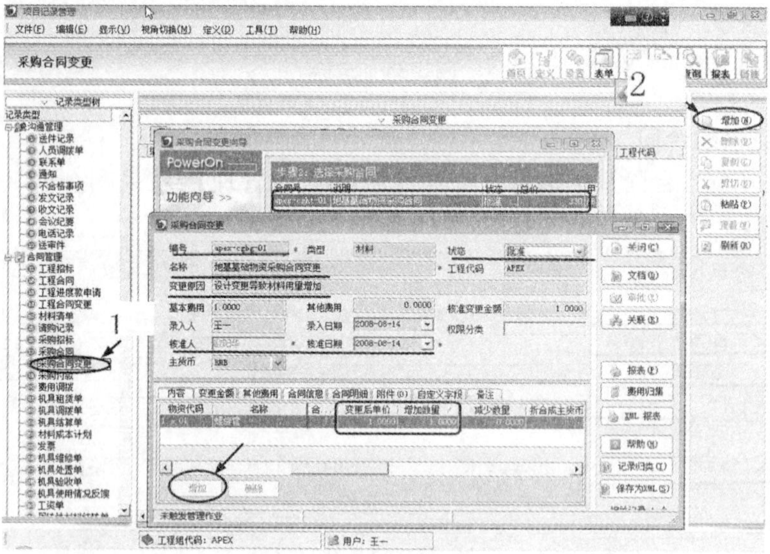

图 3-38　采购合同变更

(十一)物资到货检查、补供

操作:【项目记录管理】→【到货检查】,针对采购合同“apex - dhjc - 01”及计划到货“apex - dhjc - 001 - 01”做实际到货的业务处理,然后把状态改为“完结”,系统自动提示入库操作,见图 3-39。

最后点击“入库”,就延续到下面的入库处理。

(十二)入库处理

操作:【项目记录管理】→【入库记录】,针对到货检查单“apex - rkd - 001”,自动产生入库单,填写入库数量,最后勾选【确认入库】,见图 3-40。

(十三)采购合同付款

操作:【项目记录管理】→【采购合同支付】,选择采购合同“apex - cght - 01”,针对前 2 个计划支付进行付款,见图 3-41。

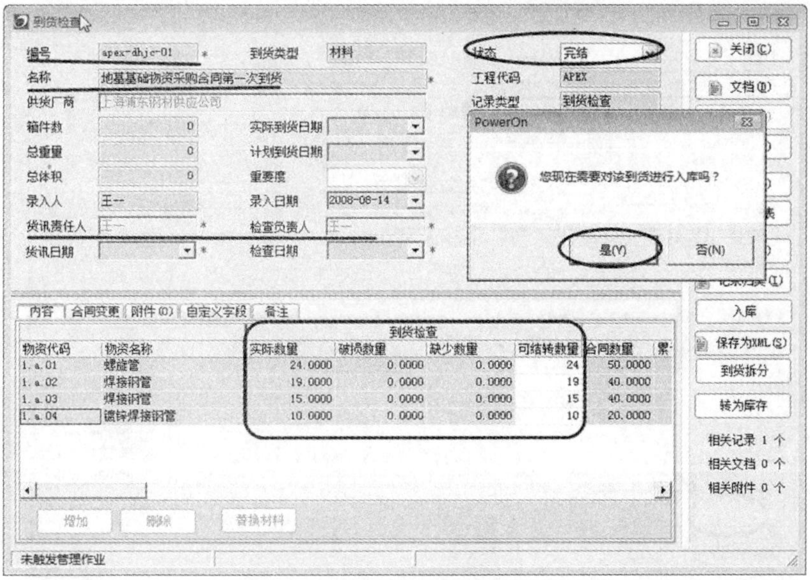

图 3-39 到货检查

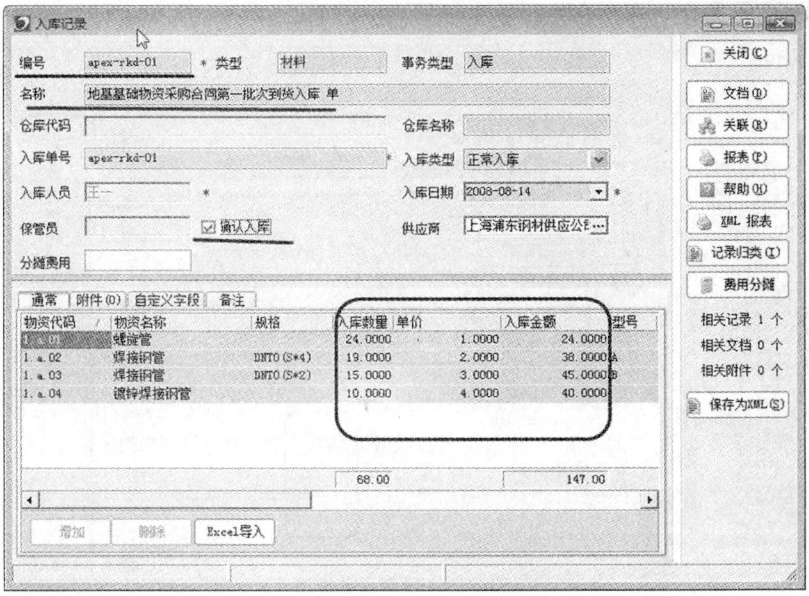

图 3-40 入库记录

（十四）领料单及出库单

操作：【项目记录管理】→【领料记录】，选择按请购记录“apex－qg－01”领料。步骤之后，点击【出库】，即延续下面出库单步骤，见图 3-42、图 3-43。

（十五）过程统计、库存查询

操作：【材料管理】→【视角切换】→【物资统计视角】，【材料管理】→【视角切换】→【查询统计视角】，【材料管理】→【视角切换】→【库存统计】，见图 3-44。

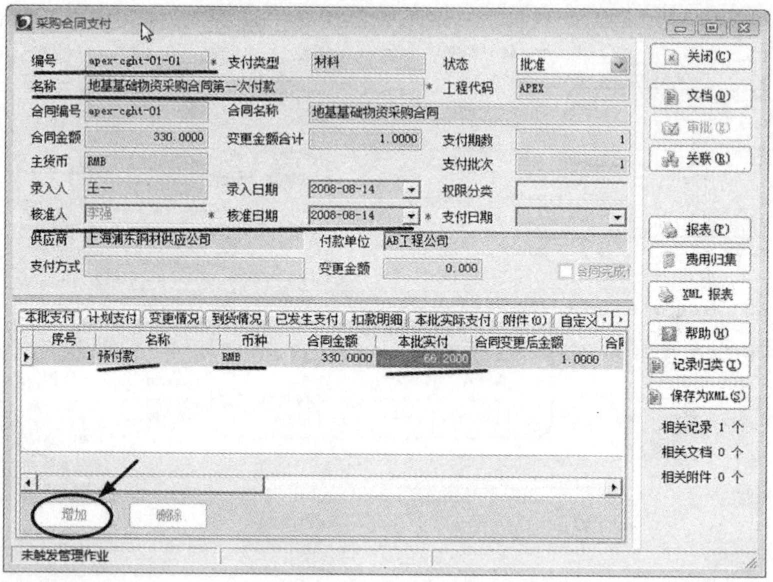

图 3-41　合同付款

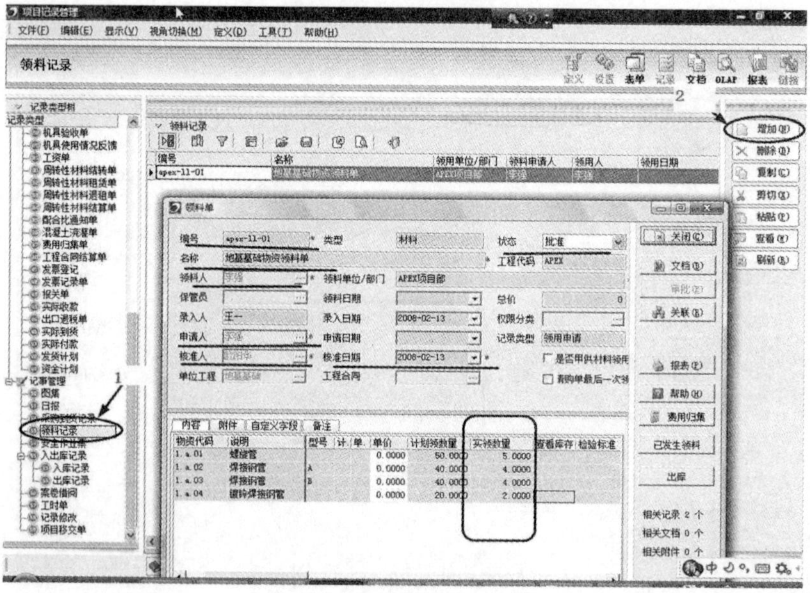

图 3-42　领料记录

四、合同支付与费用控制

合同支付与费用控制练习的步骤为：

(1)建立项目支付项分类及支付项清单。

(2)建立项目费用科目分类及费用科目清单。

(3)建立新型的费用工作表的费用类型。

(4)建立总包合同→总包合同费用分摊。

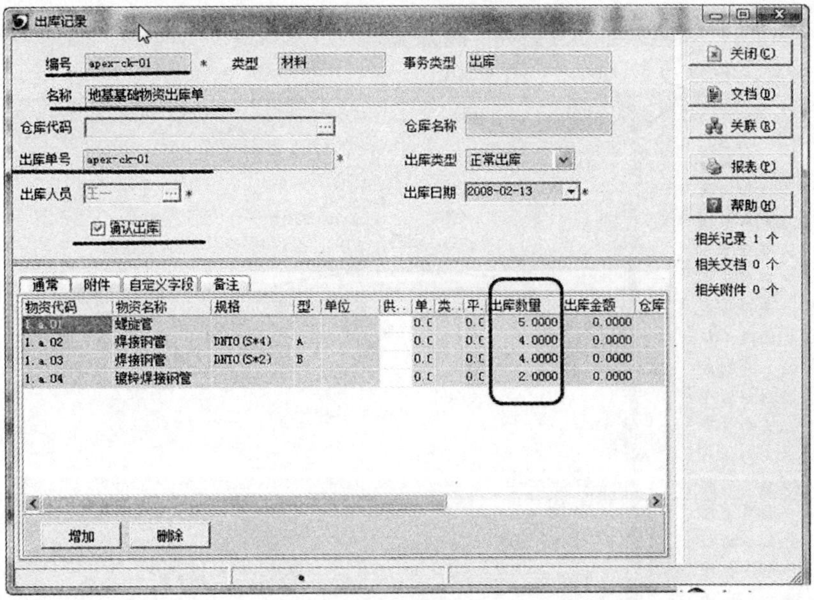

图 3-43　出库记录

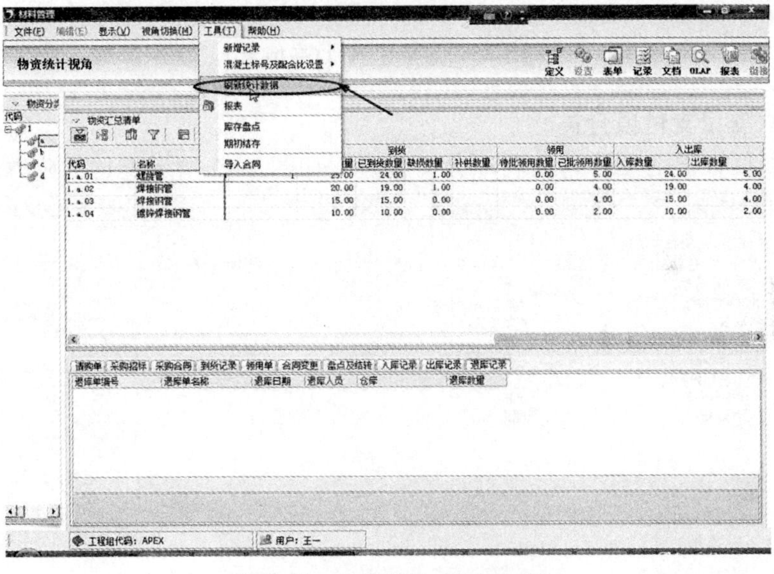

图 3-44　物资统计、库存查询

(5)建立分包合同→分包合同费用分摊。

(6)进行分包合同进度款支付及分摊。

(7)进行总包合同进度款申请及分摊。

(8)查看费用工作表。

(一)切换用户及打开项目

切换用户,以费用控制工程师张天同的用户名“Zhangtiantong”登录系统,并打开“APEX总承包项目”,见图 3-45。

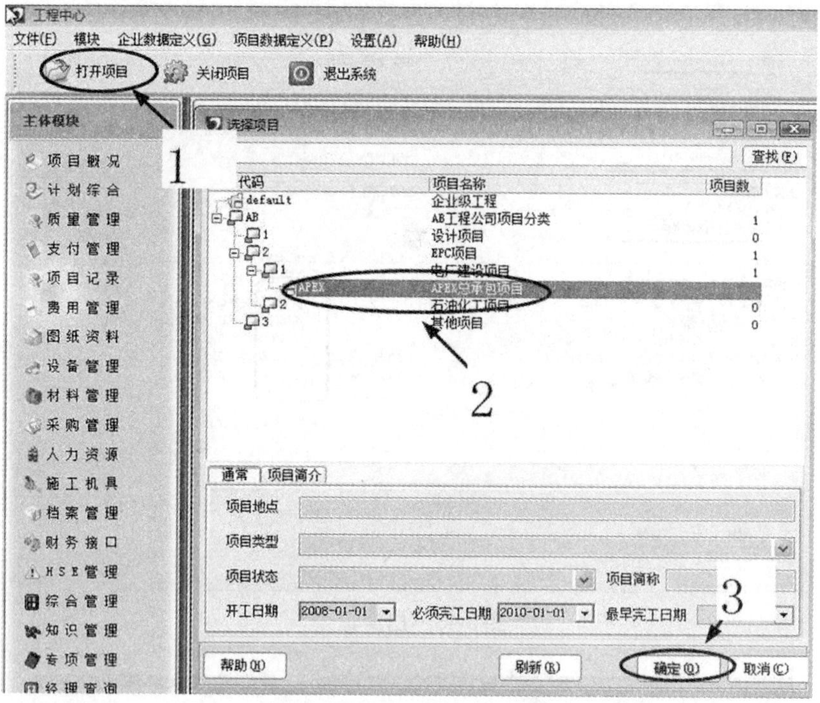

图 3-45　用户切换,打开项目

(二)建立项目支付项分类

操作:【项目数据定义】→【支付项分类】,建立如图 3-46 所示支付项分类。

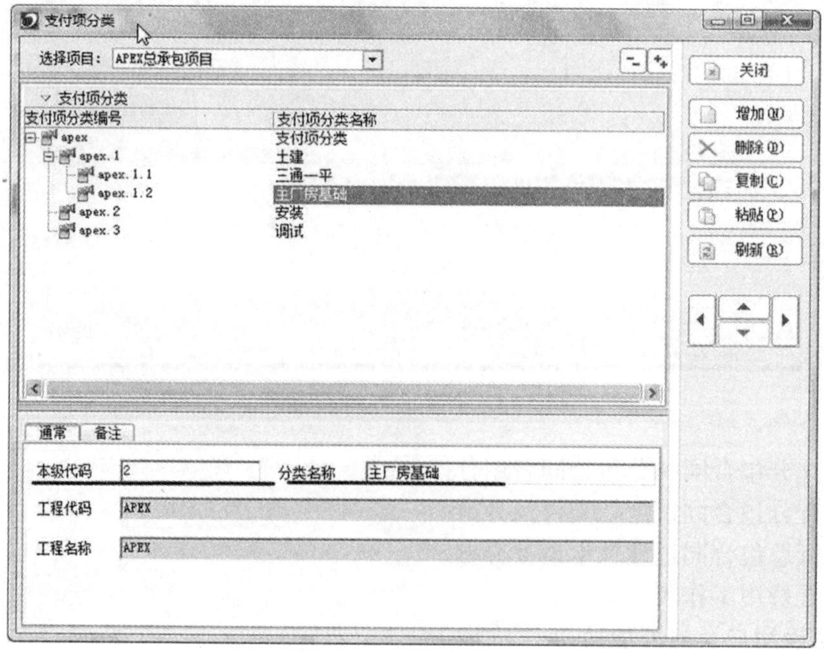

图 3-46　支付项分类

(三) 建立项目支付项清单

操作:【支付管理】→【视角切换】→【支付项维护视角】。在“主厂房基础”节点下,建立 2 个支付项,输入单位、单价和数量,见图 3-47。

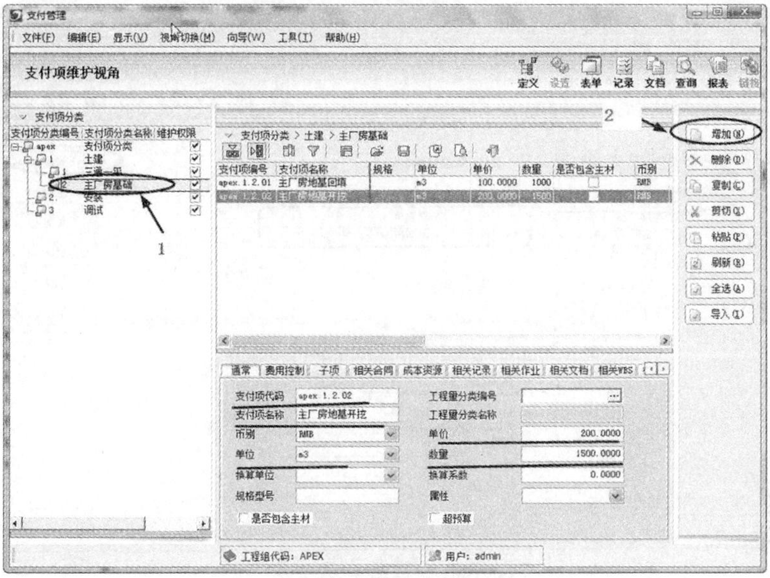

图 3-47　支付项清单

(四) 建立项目费用科目分类

操作:【项目数据定义】→【费用科目分类】。建立“建筑安装费”、“设备费”、“其他费用”三个费用科目分类,见图 3-48。

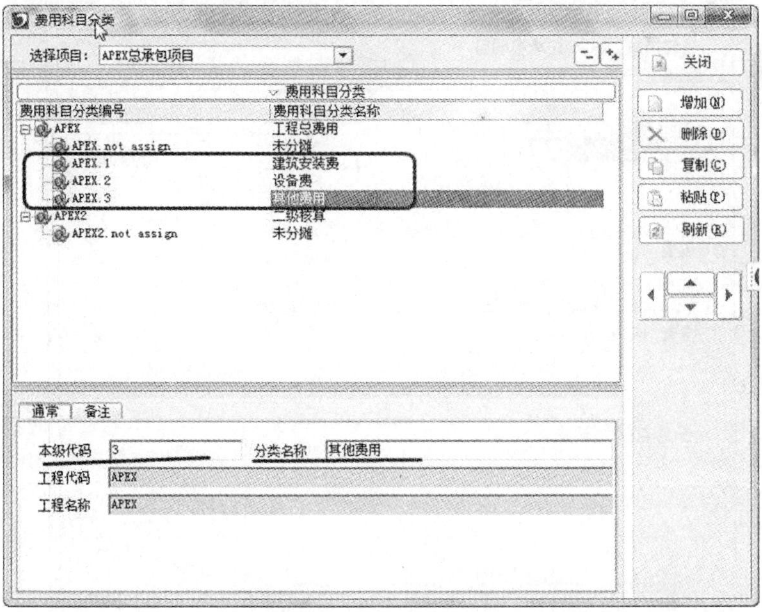

图 3-48　费用科目分类

(五)建立项目费用科目清单

操作:【费用管理】→【视角切换】→【费用科目维护清单】。在“建筑安装费”节点下,增加2个费用科目,见图3-49。

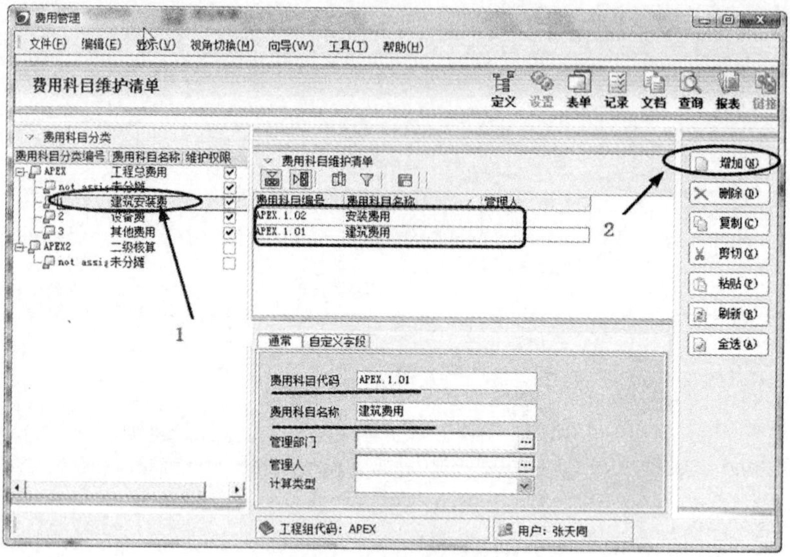

图3-49　费用维护清单

(六)构建费用工作表

操作:【项目数据定义】→【费用管理设置】→【费用工作表栏位分组定义】,见图3-50。

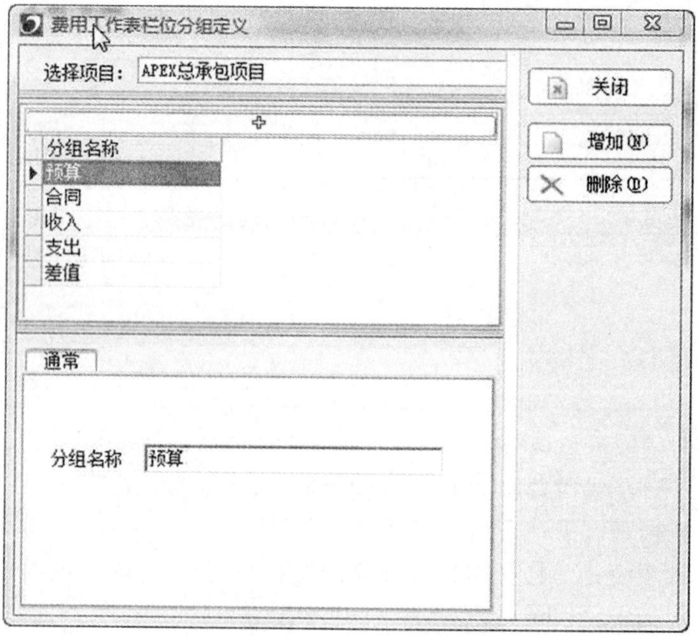

图3-50　费用工作表(一)

操作:【项目数据定义】→【费用管理设置】→【费用工作表栏位定义】,见图 3-51。

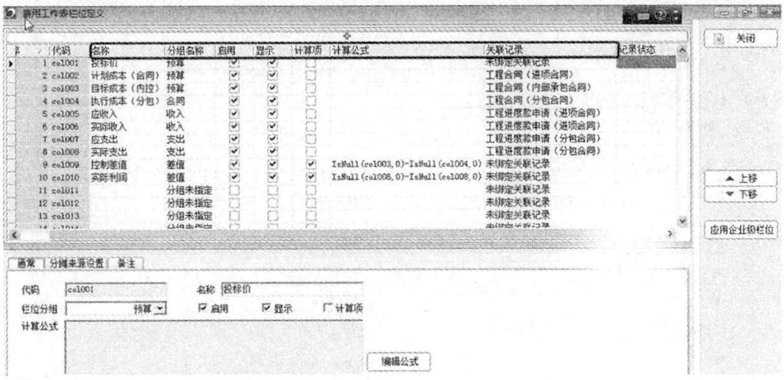

图 3-51　费用工作表(二)

此处应注意“计算公式”和“关联记录”的设置。

显示新型费用工作表,操作:【费用管理】→【视角切换】→【费用工作表】,见图 3-52。

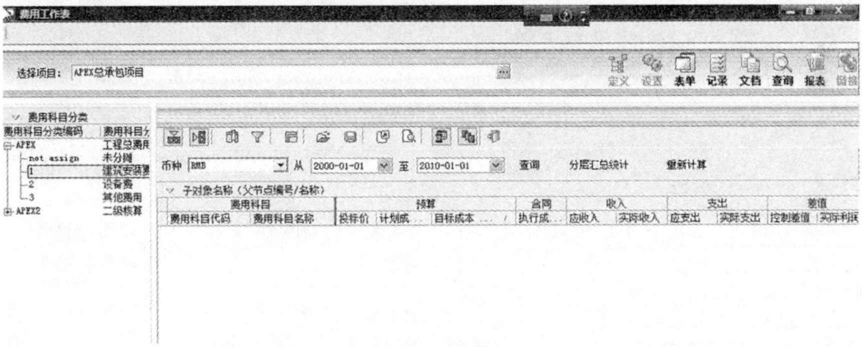

图 3-52　费用工作表(三)

(七)增加项目参建单位

操作:【项目数据定义】→【项目单位】→【管理单位】,见图 3-53。

说明:“AB 工程公司”从“企业库”选择,主要联系人是选择过来的,需要先在“联系人”Tab 页增加。

(八)签订总包合同

操作:【项目记录】→【工程合同】,选择合同类型为“进项合同”,点击【费用归集】按钮,见图 3-54。

备注:把“主厂房地基回填”的 12 万元分摊到“建筑费用”科目上;把“主厂房地基开挖”的 30 万元,分摊到“建筑费用”20 万元,分摊到“安装费用”10 万元。

(九)签订分包合同

操作:【项目记录】→【工程合同】,选择合同类型为“分包合同”,见图 3-55。

点击分包合同“apex - fbht - 01”界面上的【费用归集】按钮,进行分包合同费用归集。

(十)分包合同进度款申请及归集

操作:【项目记录】→【进度款申请】,选择分包合同“apex - fbht - 01”。备注:按照完

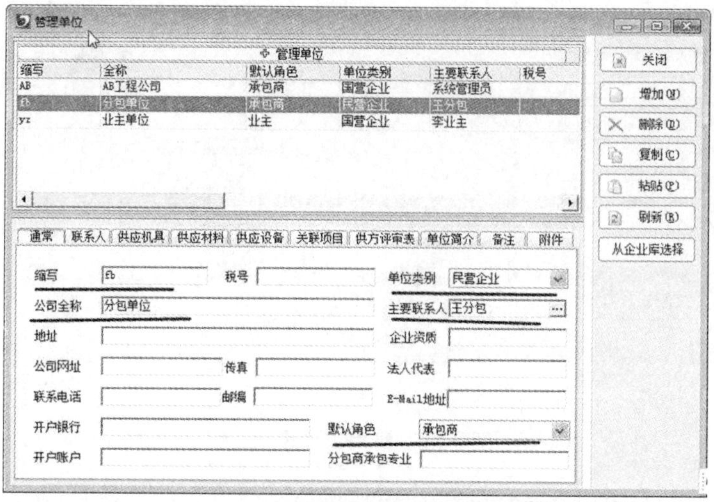

图 3-53 增加项目参建单位

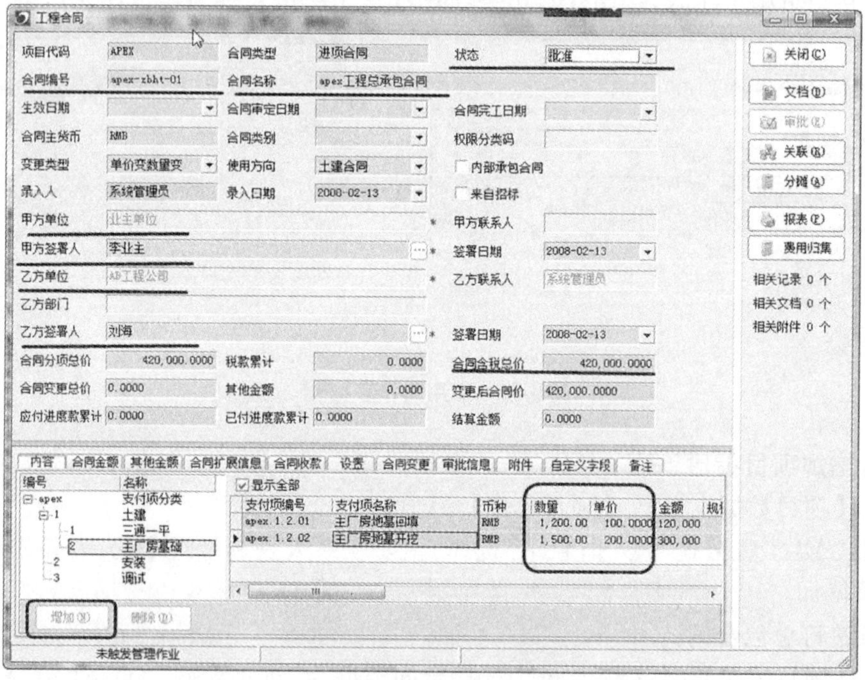

图 3-54 工程合同

成的工程量,应该给分包商 26.5 万元,实际只给 20 万元,见图 3-56。

(十一)总包合同进度款申请及归集

操作:【项目记录】→【进度款申请】,选择总包合同“apex－zbht－01”,见图 3-57。备注:按照完成的工程量,业主应该给总包商 35 万元,实际只给了 30 万元。

(十二)费用控制

操作:【费用管理】→【视角切换】→【费用工作表】→【费用分层汇总统计】→【查询】,然后逐层展开,见图 3-58。备注:实际利润 10 万元,还有 9.5 万元是机动费用,没有花完,

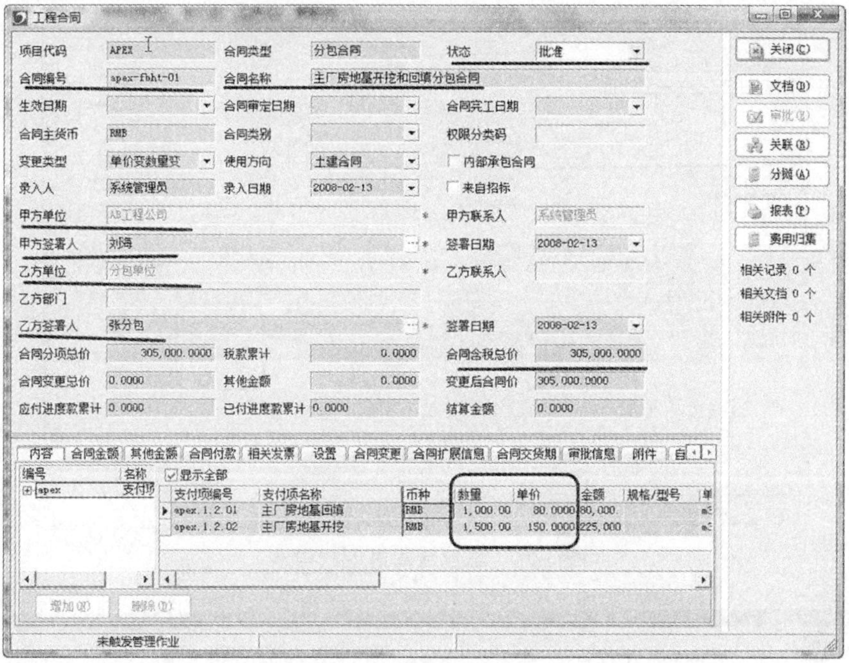

图 3-55 分包合同管理

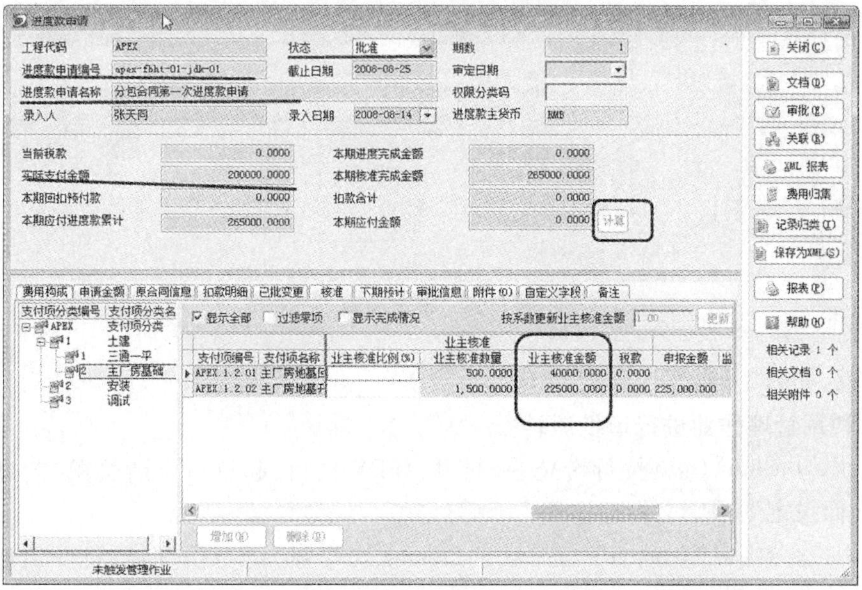

图 3-56 分包合同进度款申请

结余的。

五、管理作业与工作流程

(一)预定义管理作业

操作:【项目数据定义】→【预定义管理作业】。在“材料”节点下,建立一个物资请购

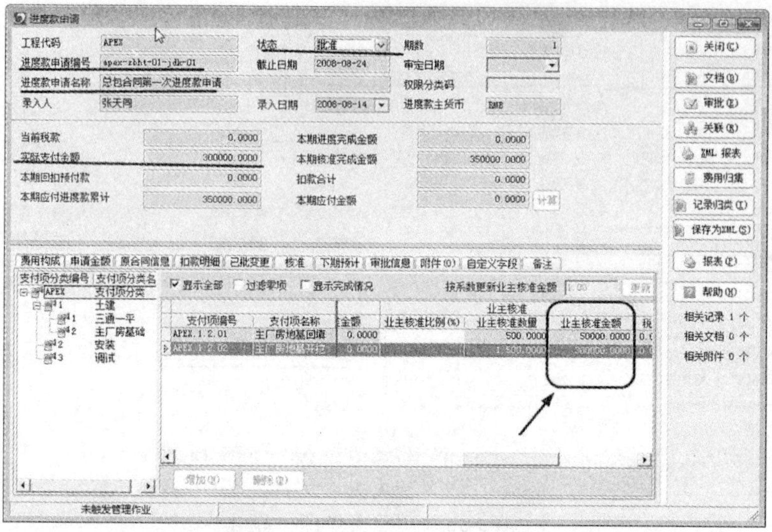

图 3-57 总包合同进度款申请

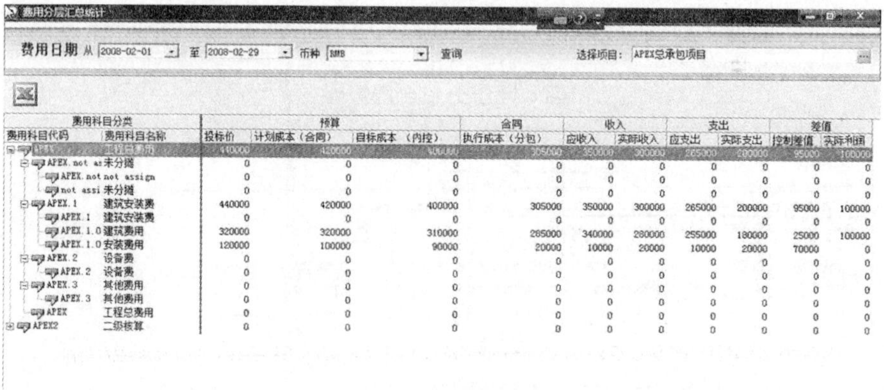

图 3-58 费用控制

单审批流程,见图 3-59。

(二)利用管理作业进行审批流转

操作:以"Baohui"(包辉)身份登录,打开 APEX 项目,起草一个请购单,启动管理流程,选择前面设定的预定义管理作业;

切换用户,分别以"Wangyi"(王一)、"Liqiang"(李强)的身份登录,对此请购单进行审批,直至核准,见图 3-60。

(三)自定义项目记录树及查看权限控制

操作:【项目数据定义】→【项目记录树】,定义项目记录树。然后点击【设置】→【用户管理】,设置权限,见图 3-61。

六、图纸文件资料管理

作业操作顺序与思路:建立项目图纸文件分类→添加图纸文件,挂接附件→图纸文件

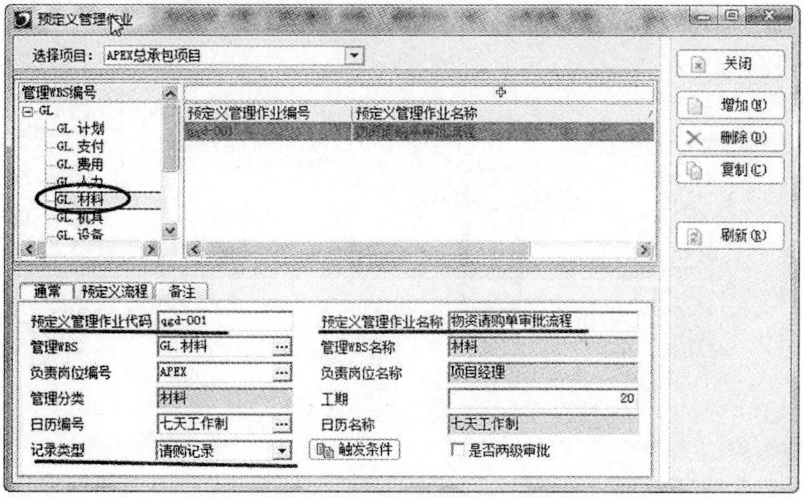

图3-59　预定义管理作业

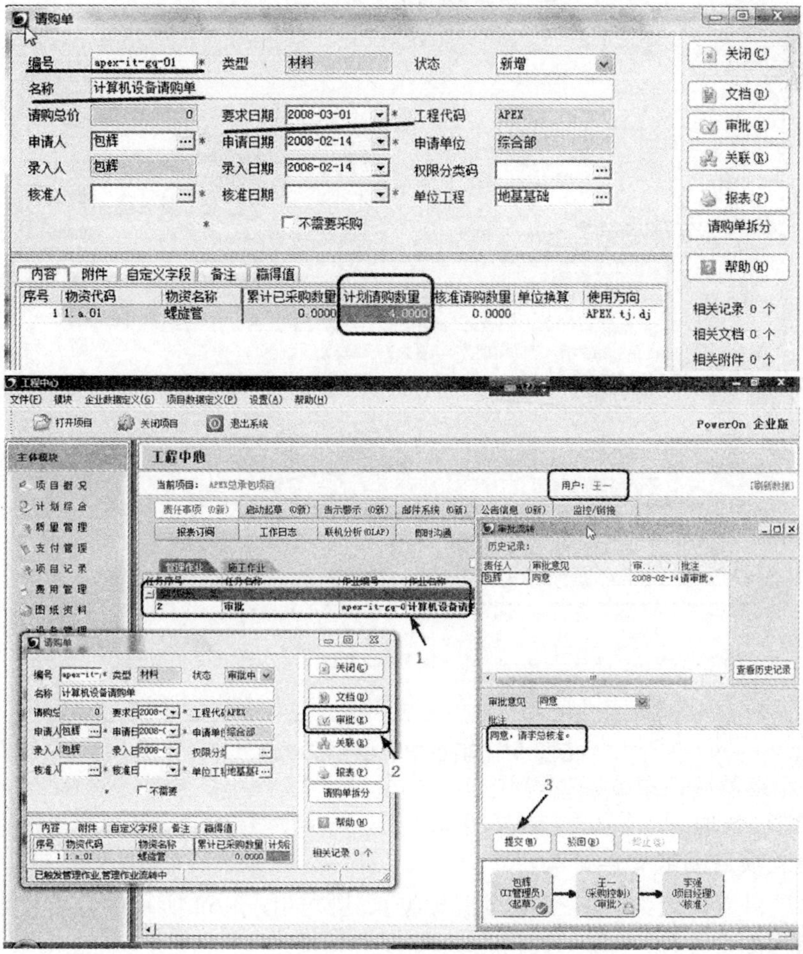

图3-60　审批流转

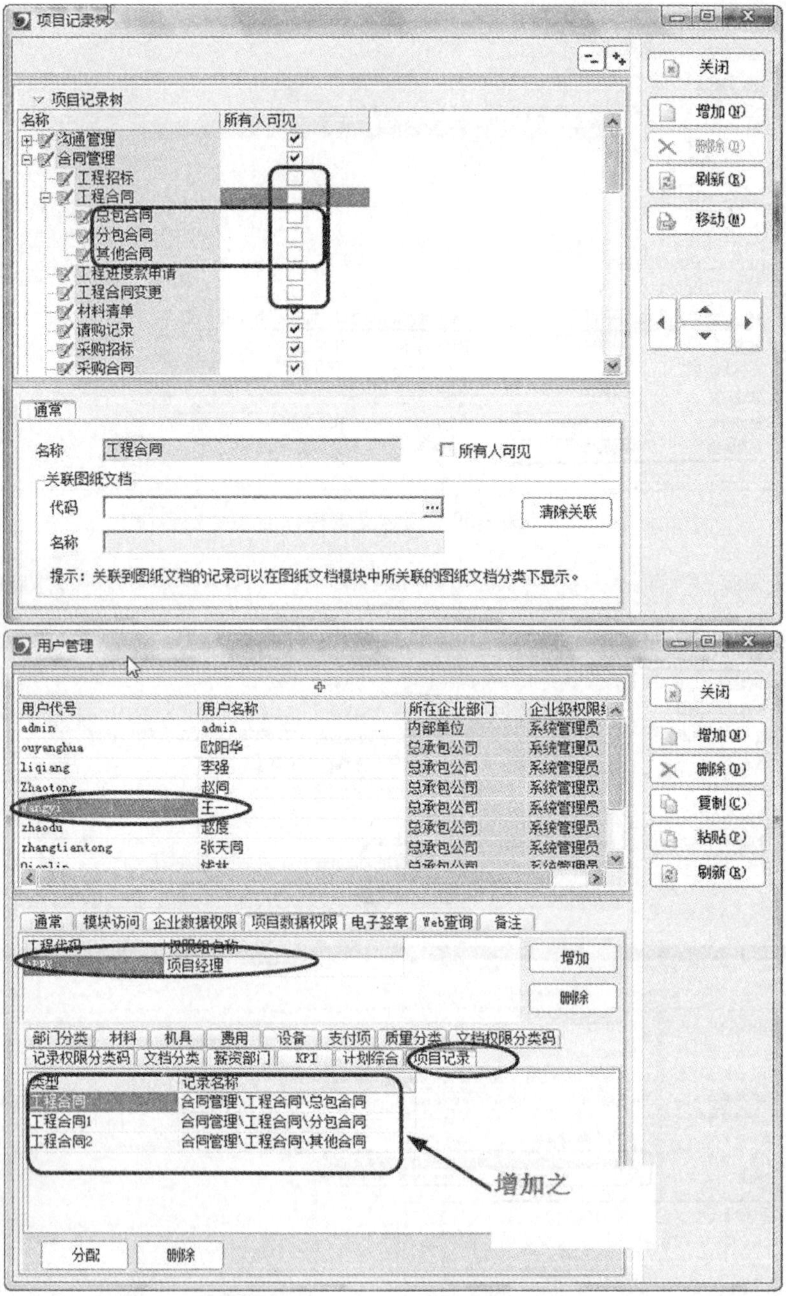

图 3-61　项目记录树和权限设置

的分发，图纸文件的审批流转。

（一）建立项目图纸文件分类

操作：【项目数据定义】→【图纸文档分类】，建立如图 3-62 所示的分类目录。

（二）添加图纸文件

操作：【图纸文档】→【视角切换】→【图纸清单】。备注：增加 3 份图纸，填写编号、文

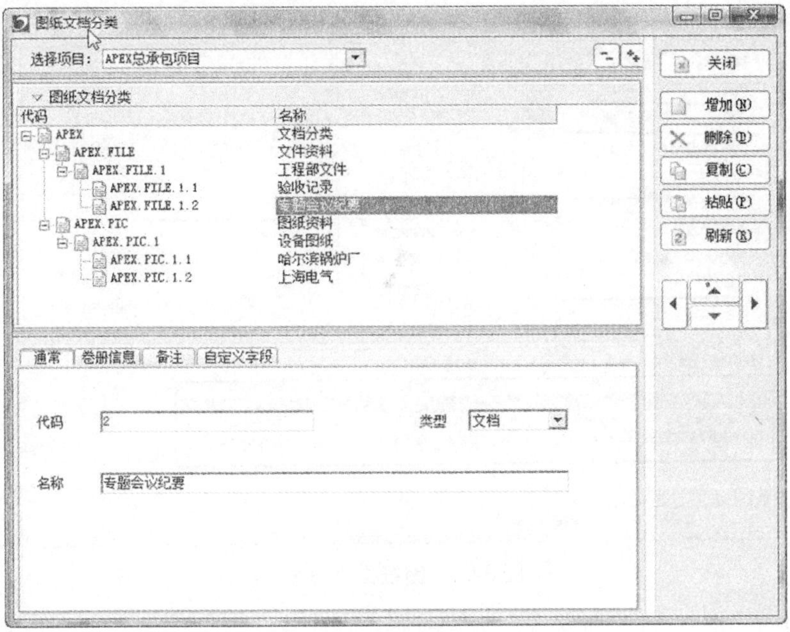

图3-62　图纸文档分类

号、名称，发布到网站，状态改为“批准”，见图3-63。

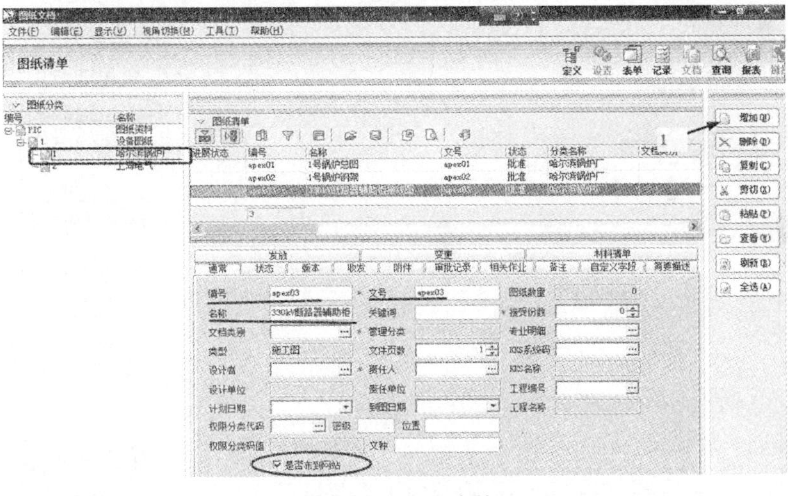

图3-63　图纸清单

(三)图纸文件的分发

操作:【图纸文档】→【视角切换】→【图纸清单】→选择三个文件→【工具】→【创建分发】,填写必要信息及分发对象,然后批准该图集,点击【分发图集】,在工程中心的【告示警示】中可以看到分发的图集,见图3-64。

七、竣工资料、档案管理

建立标准档案类目,建立档案馆、档案库,关联项目→辅助立卷,案卷的管理→电子光

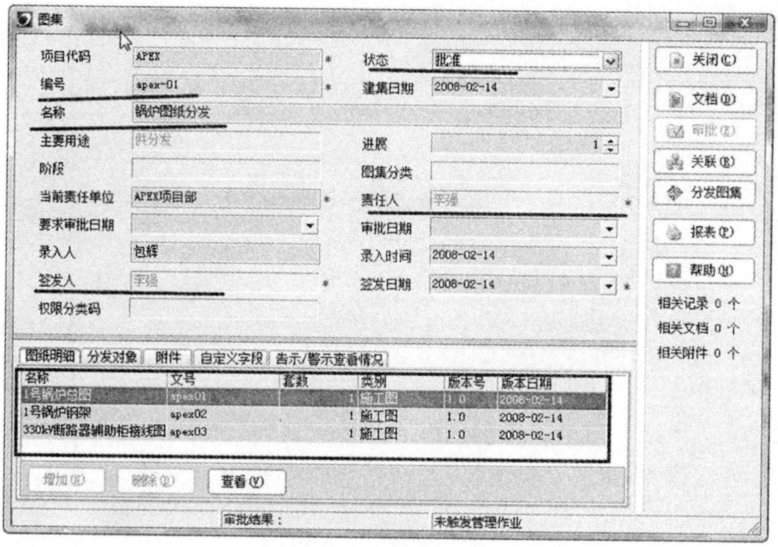

图 3-64　图纸文件分发

盘移交。

(一)建立标准档案类目

操作:【档案管理】→【定义】→【标准档案(ABS)】,见图 3-65。

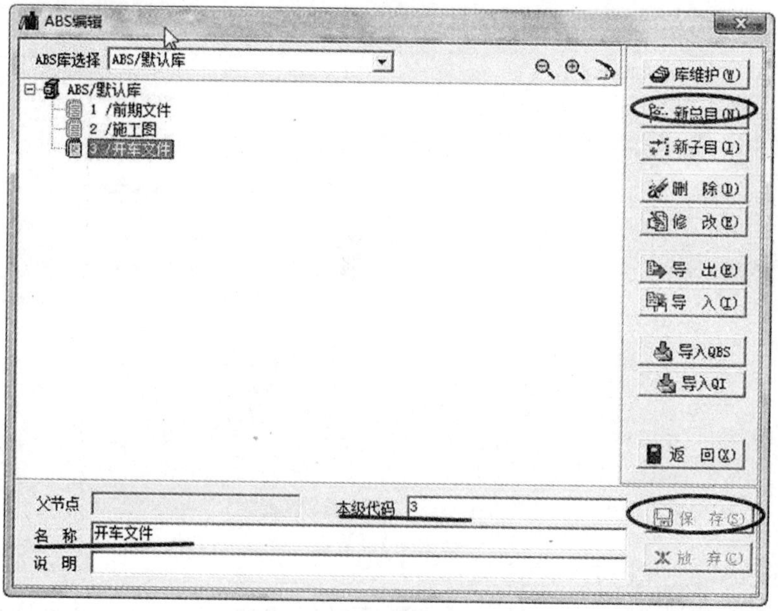

图 3-65　建立标准档案类目

(二)建立档案馆

操作:【档案管理】→【定义】→【档案馆】,见图 3-66。

(三)建立档案库、关联项目

操作:【档案管理】→【文件】→【新建档案库】,见图 3-67。

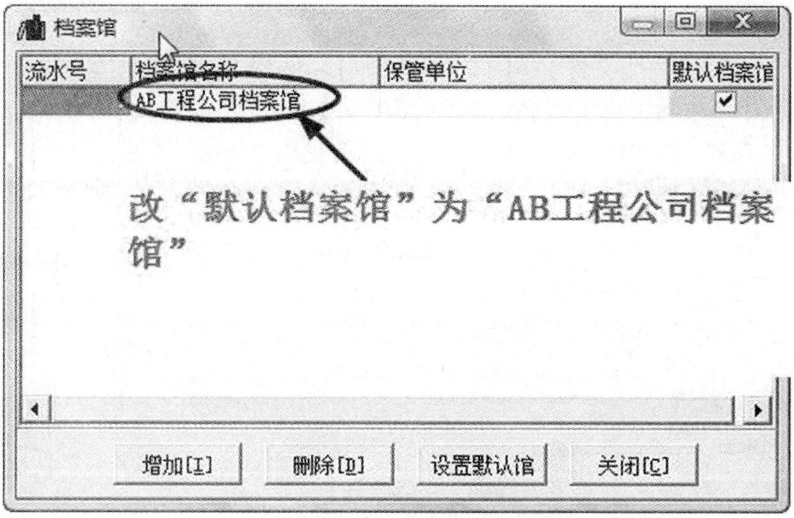

图 3-66　建立档案馆

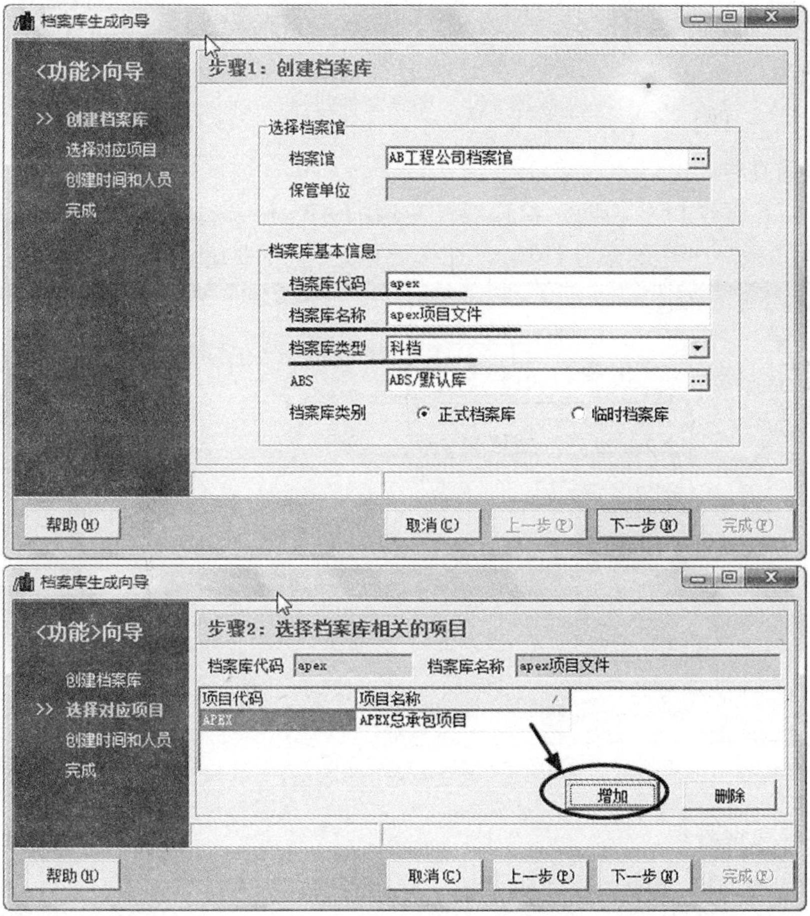

图 3-67　建立档案库，关联项目

(四)图纸文件归档

操作:【档案管理】→【文件】→【打开档案库】。选择“APEX”档案库。切换到【文档管理】视角,展开左边的文件分类树,选择“图纸”节点,选择 3 个文件,点击图标“批量更新 ABS 代码”,在弹出的窗口中,选择“2/施工图”,见图 3-68。

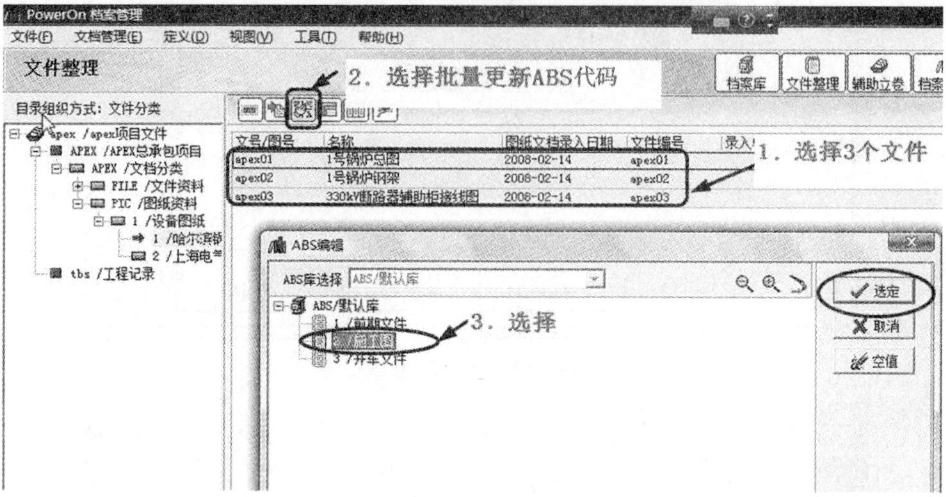

图 3-68　图纸文件归档

(五)辅助立卷

操作:【档案管理】→【辅助立卷】,展开左边的 ABS 树,选择“2/施工图”,选中 3 个文件,点击选择生成一个新的案卷,填写其他必要信息,见图 3-69。

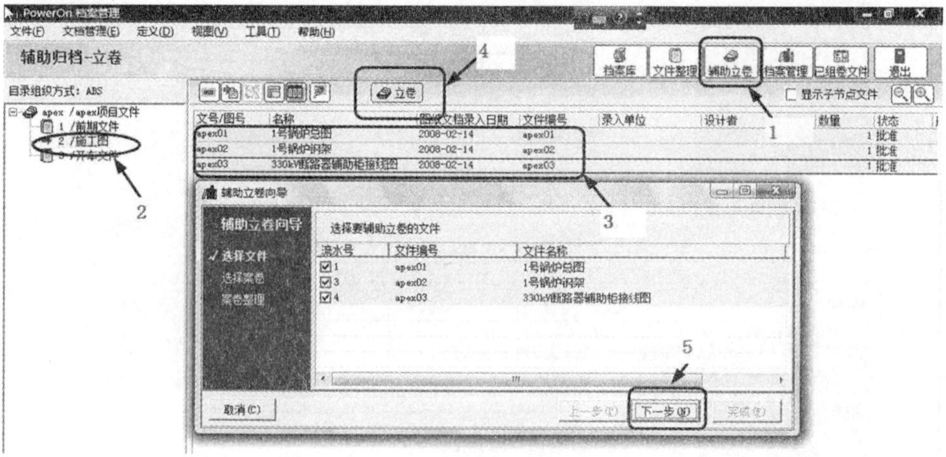

图 3-69　辅助立卷

(六)卷内文件整理

见图 3-70。

(七)打印卷内目录

见图 3-71。

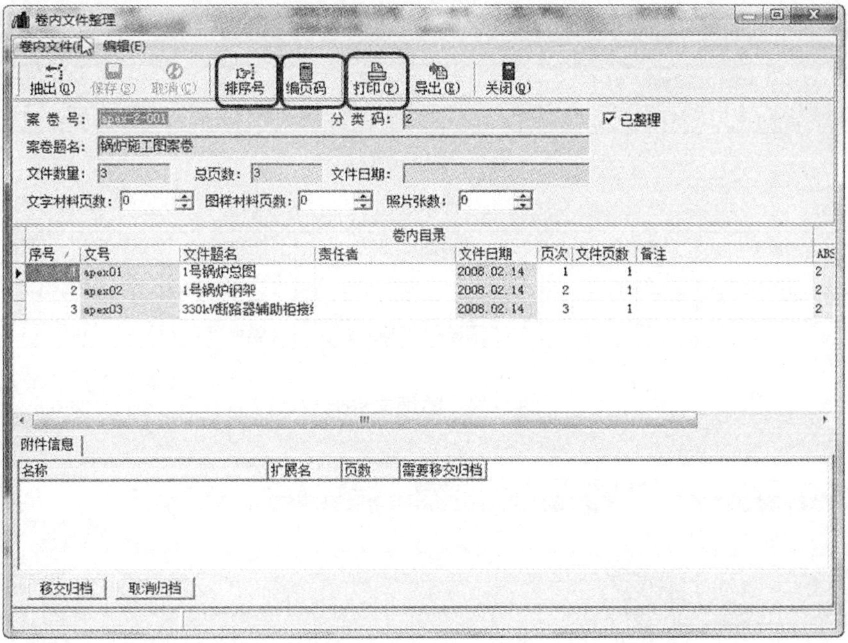

图 3-70 卷内文件整理

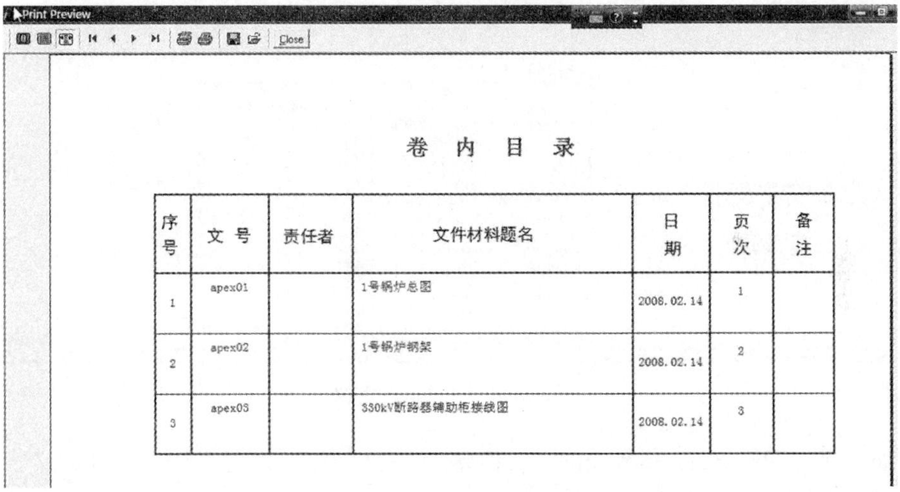

卷 内 目 录

序号	文 号	责任者	文件材料题名	日期	页次	备注
1	apex01		1号锅炉总图	2008.02.14	1	
2	apex02		1号锅炉钢架	2008.02.14	2	
3	apex03		330kV断路器辅助柜接线图	2008.02.14	3	

图 3-71 打印卷内目录

(八)电子资料移交

操作:【档案管理】→【文件】→【导出文件】,然后选择唯一的那个案卷,导出成 DVD 盘片,见图 3-72。

八、企业多项目信息门户

(一)Webpart 定义

操作:以“admin”登录系统,点击【企业数据定义】→【信息门户】→【Webpart 定义】,见图 3-73。

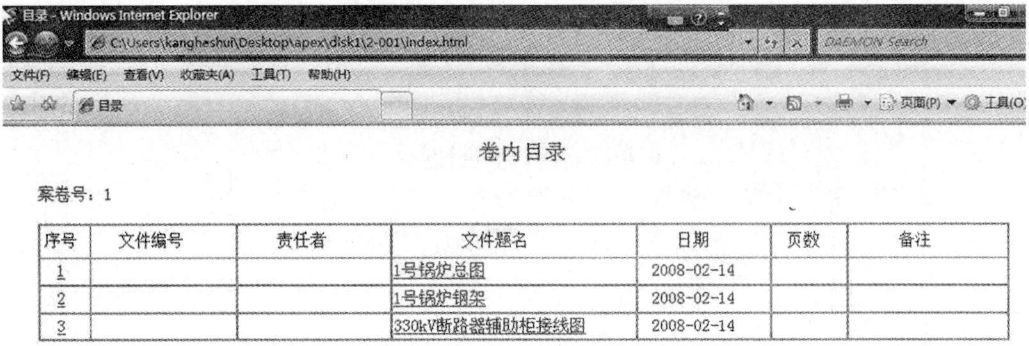

图 3-72　图纸文件归档

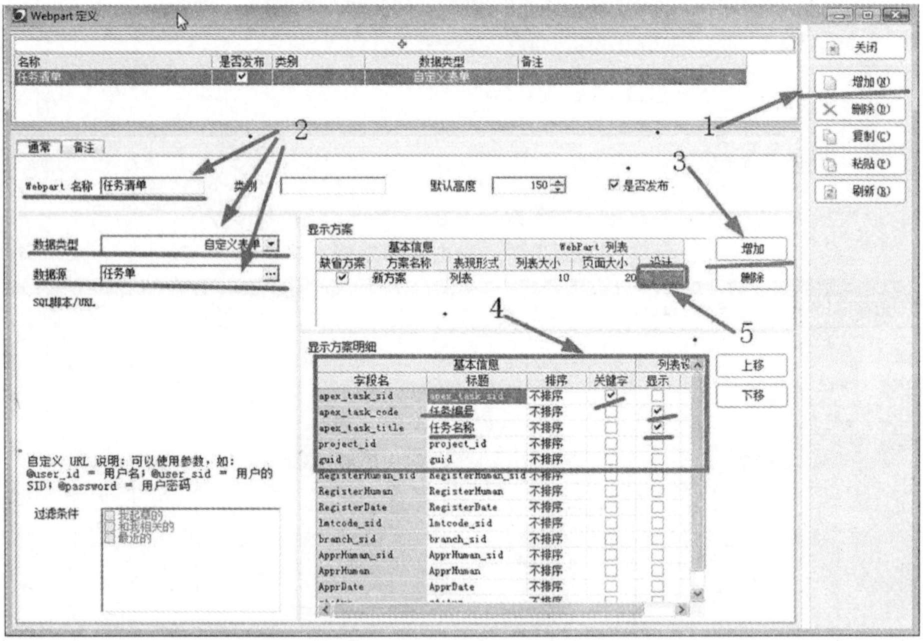

图 3-73　Webpart 定义

增加一个 Webpart；设置 Webpart 名称是“任务清单”，数据类型是“自定义表单”，数据源是“任务单”；增加显示方案，默认为“列表”显示；配置 Webpart 第一个页面显示字段，务必选择“apex_task_sid”作为关键字，“apex_task_code”、“apex_task_title”2 个字段显示；配置 Webpart 第二个页面显示方案，默认即可。

(二)页签定义

操作：【企业数据定义】→【信息门户】→【门户标签】。增加如图 3-74 所示几个页签，给“首页”页签分配 Webpart，见图 3-74。

(三)访问权限配置

操作：【设置】→【用户管理】→【信息门户】。给“admin”增加可以访问的页签，见图 3-75。

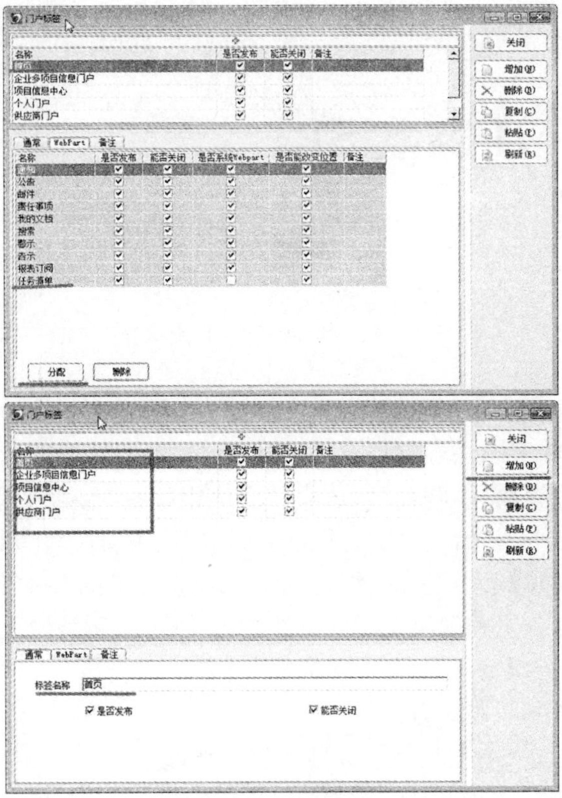

图 3-74　页签定义

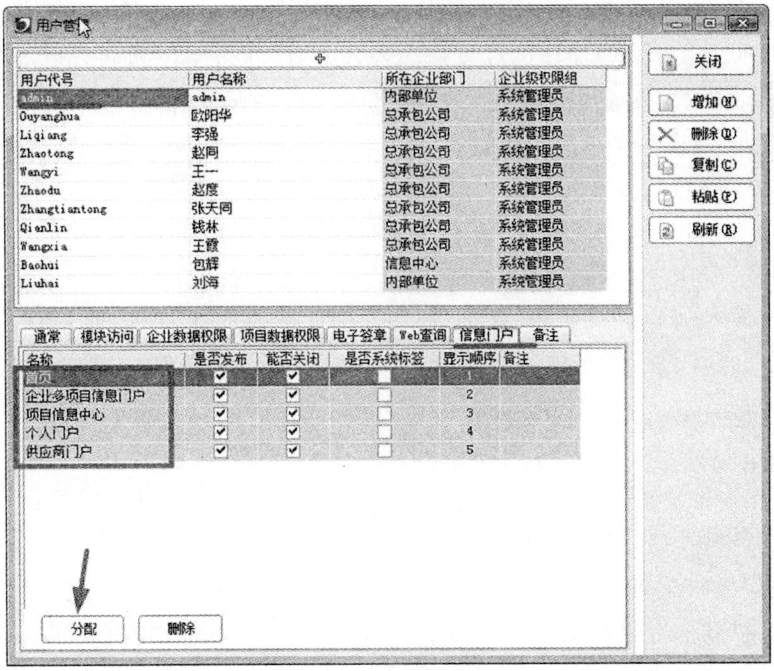

图 3-75　访问权限配置

项目 4　顶岗实习

4.1　实习任务

一、实习目的

顶岗实习是重要的实践性教学环节，具有较强的实践性、社会性、综合性，是学生毕业前广泛接触社会、认识社会、了解社会、适应社会的很好机会，为毕业后参加工作，更好地完成各项实际工作，打下一个良好的基础。通过顶岗实习，使学生对所学专业进行全面锻炼，进一步获得生产实际知识和技能，综合运用本专业所学的基本理论、基础知识和基本技能，并结合实际培养分析和解决实际问题的能力，进行工程技术人员所必须具备的基本能力的综合训练。

通过实习，达到如下职业能力：

(1)能够独立进行中、小型工程或大型工程的某单项工程的施工组织与管理；

(2)能够提交各施工工种的技术方案，确定施工质量和进度保证的技术措施；

(3)能够承担施工技术管理过程中文件资料的起草与整编工作；

(4)能够承担施工监理项目管理过程中文件资料的起草与整编工作；

(5)能够独立完成工程项目进场材料的常规检测，并对所检测的材料给以正确评价；

(6)能够对施工过程成果进行现场检测，并对所检测的材料给以正确评价；

(7)能够独立编制中、小型工程或大型工程的某单项工程的施工组织设计与工程招标投标文件。

二、实习任务

学生可选择水利行业及土木、交通、海港等相近行业的建设、管理、生产、服务等单位进行施工、监理、建设管理、工程设计、概预算、招标投标等岗位进行顶岗实习，完成某一项或几项实习任务。

三、实习时间

根据水利水电工程管理专业人才培养方案，顶岗实习的时间不少于半年，具体安排在第六个学期。

四、实习基本要求

(1)实习期间，要听从生产单位技术人员的安排，不得任意行动。

(2)实习期间回家天数一月不得超过两天,严格按要求完成实习任务。

(3)严格遵守学院及实习单位的一切规章制度和国家法规,未经允许不能擅自离开实习岗位或调换实习单位。

(4)注意安全、杜绝事故,严格遵守操作规程和技术安全规定。

(5)尊重实习单位技术人员和工人师傅。

(6)爱护国家财产,爱护公共设施,损坏东西照价赔偿。

(7)不迟到、不早退、不误工,不做有损企业形象和学院声誉的事情。

4.2 实习指导

一、指导教师

顶岗实习实行校内指导教师和生产单位工程技术人员双重指导的办法。

校外指导教师:各实习单位的工程技术人员,要求具有工程师以上职称,能独立指导学生完成实习。

二、实习成果

顶岗实习成果包括顶岗实习手册、实习报告和实习总结等。实习报告写在学校统一印制的实习报告本上。此外,根据实习的不同岗位,还应提交如下成果:

(1)设计岗位:A1 设计图纸 4 张以上,设计说明书 60 页以上(含工程概况、基本资料、设计方案比较、设计成果等)。顶岗实习报告 10 000 字以上。

(2)施工技术岗位:全套施工图纸、顶岗实习报告 10 000 字以上(不含表格),内容包括工程概况、施工方案、施工进度计划、施工总体布置等。

(3)工程建设监理岗位:建设监理合同、标书、施工图纸、顶岗实习报告 10 000 字以上,内容包括现场监理员的岗位职责、工作内容(如何实施“三控制”等)、其他体会等。

(4)工程招标投标岗位:全套设计图纸、顶岗实习报告 10 000 字以上,内容包括工程概况、招标投标程序、标书等。

(5)工程概预算岗位:全套设计图纸、顶岗实习报告 10 000 字以上,内容包括工程概况、概预算说明书等。

(6)项目管理岗位:项目的总体资料、顶岗实习报告 10 000 字以上,内容包括项目部组织情况、合同管理、施工进度和质量管理等。

实习手册和实习报告等实习材料于每年 6 月返校答辩时带回上交。

三、成绩评定

顶岗实习考核采用企业和学校共同考核的评价机制。成绩根据学校指导教师评定成绩、企业指导老师评定成绩、学生实习周记(日记)、实习报告综合评定。

评定结果按优秀、良好、中等、及格、不及格五级计分,参考标准如下。

(一)优秀

(1)工作努力,严格按岗位技能训练——顶岗实习要求去做,表现好。

(2)能按时优异地完成顶岗实习任务,能熟练地综合运用所学理论和专业知识,在技能训练中对某些技能、技术有新建议、有小革新、有创见。

(3)技术日志内容丰富、真实。

(4)上手快,动手能力强,实干精神强,团结协作能力强,适应能力强。

(5)报告或成果完整、正确,概念清楚,图纸表格齐全,文字通顺,排版打印符合要求。

(二)良好

(1)工作努力,严格按顶岗实习要求去做,表现较好。

(2)能按时优异地完成顶岗实习任务,能较熟练地综合运用所学理论和专业知识,在技能训练中对某些技能、技术有新建议、有创见。

(3)技术日志内容较丰富、真实。

(4)上手快,动手能力强,实干精神强,团结协作能力强,适应能力强。

(5)报告或成果完整、正确,概念清楚,图纸表格齐全,文字通顺,排版打印符合要求。

(三)中等

(1)工作努力,能按顶岗实习要求去做,表现一般。

(2)基本能按时完成顶岗实习任务,综合分析和解决问题的能力一般,在岗位技能训练中所表现出来的技能、技术一般。

(3)技术日志内容一般但真实。

(4)上手较快,动手能力一般,实干精神较强,团结协作能力较强,适应能力较强。

(5)报告或成果完整、较正确,概念较清楚,图纸表格齐全,文字较通顺,排版打印符合要求。

(四)及格

(1)工作态度及表现一般。

(2)勉强完成顶岗实习任务,技能训练基本达到要求,综合分析和解决问题的能力较差。

(3)技术日志内容不全面。

(4)动手能力基本达到要求,团结协作能力不强,适应能力一般。

(5)报告或成果完整,某些概念不太清楚,图纸表格齐全,文字水平一般,排版打印基本符合要求。

(五)不及格

(1)工作不努力,表现较差,有作假现象。

(2)未能达到规定的基本要求。

(3)技术日志内容不真实。

(4)动手能力较差,团结协作能力不强,实干精神不强,适应能力差。

(5)报告或成果不完整,某些概念不清楚,图纸表格不全,文字水平差,书写潦草。

学生顶岗实习岗位应与所学专业相对应,并进行岗位轮换,对与所学专业无关或实习期间岗位无轮换者,顶岗实习成绩降低一个等次。

学生顶岗实习期间,三分之一以上时间脱岗者,实习成果弄虚作假者,违反有关法律、法规、制度、规程造成人身或设备事故的,顶岗实习成绩为不及格。对严重违纪或工作懒散等原因,给学校造成不良影响者,实习成绩作不及格处理,并给予相应的纪律处分。

四、参考文献

(一)参考书目

《水工建筑物》(程兴奇,王志凯,中国水利水电出版社,2010);

《水利工程建设合同管理》(中国水利工程协会,中国水利水电出版社,2007);

《现代水利工程项目管理》(尹红莲等,黄河水利出版社,2014);

《水利工程施工监理》(周长勇,刘宁,黄河水利出版社,2014);

《水利工程施工》(刘祥柱等,黄河水利出版社,2009);

《节水灌溉技术》(于纪玉,黄河水利出版社,2007);

《水利工程技术管理》(杜守建,周长勇,黄河水利出版社,2014)。

(二)期刊或网站

期刊:《水利学报》、《水利水电技术》、《人民黄河》、《人民长江》、《中国农村水利水电》、《河海大学学报》、《山东水利职业学院院刊》。

网站:①中国水文化;②中国农业节水和农村供水技术;③中国水利教育网;④中国水利博览网;⑤中国水利摄影网;⑥水利工程网。

五、实习报告内容要求

(一)实习目的

言简意赅,点明主题。

(二)实习单位简介

要求详略得当、重点突出,重点应放在实习岗位的介绍上。

(三)实习内容及过程

这是重点,篇幅不少于10 000字。要求内容翔实、层次清楚;侧重实际动手能力和技能的培养、锻炼与提高,但切忌日记或记账式的简单罗列。

(四)实习总结及体会

要求条理清楚、逻辑性强;着重写出对实习内容的总结、体会和感受,特别是自己所学的专业理论与实践的差距和今后应努力的方向。

4.3 实习相关表格

实习相关表格见表4-1~表4-5。

表 4-1　指导教师对学生顶岗实习的考核登记表

系(部)名称:

<table>
<tr><td>学生姓名</td><td></td><td>专业及班级</td><td></td><td>指导教师姓名</td><td></td></tr>
<tr><td>实习单位</td><td colspan="2"></td><td>实习岗位</td><td colspan="2"></td></tr>
<tr><td>实习时间</td><td colspan="5">年　　月　　日至　　年　　月　　日</td></tr>
<tr><td colspan="6">学生顶岗实习方式(请在所选项目上打"√")
A 集中实习　　B 委托实习　　C 分散实习</td></tr>
<tr><td colspan="6">顶岗实习期间学生与指导教师联系的形式和次数:
面谈　　次,电话联系　　次,网络联系　　次。</td></tr>
<tr><td colspan="6">对学生的评价(请在所选项目上打"√")
工作态度:A 好　B 较好　C 一般　D 差
劳动纪律:A 好　B 较好　C 一般　D 差
职业素质:A 好　B 较好　C 一般　D 差
敬业精神:A 好　B 较好　C 一般　D 差
专业技能:A 好　B 较好　C 一般　D 差
团队精神:A 融入集体　B 不善于沟通
创新精神:A 善于创新　B 缺少创新
工作效果:A 胜任工作　B 还需适应</td></tr>
<tr><td colspan="6">考核成绩(请在所选项目上打"√"):
A 优　　B 良　　C 中　　D 合格　　E 不合格
指导教师签名:　　　　　　　　年　　月　　日</td></tr>
</table>

备注:顶岗实习结束后,将此表上交系(部),作为评定顶岗实习成绩的重要依据。

表4-2 顶岗实习单位对学生顶岗实习的考核登记表

<table>
<tr><td>单位名称</td><td colspan="4"></td><td>部门名称</td><td></td></tr>
<tr><td>地址</td><td></td><td>邮编</td><td></td><td colspan="2">联系电话</td><td></td></tr>
<tr><td>企业指导教师姓名</td><td colspan="2"></td><td>职务及职称</td><td colspan="3"></td></tr>
<tr><td>学生姓名</td><td></td><td>系别</td><td></td><td colspan="2">专业班级</td><td></td></tr>
<tr><td>起止日期</td><td colspan="6">年 月 日至 年 月 日</td></tr>
<tr><td rowspan="2">企业指导教师评价</td><td colspan="6">工作内容概述：</td></tr>
<tr><td colspan="6">评价(请在所选项目上打“√”)
工作态度:A 好 B 较好 C 一般 D 差
劳动纪律:A 好 B 较好 C 一般 D 差
职业素质:A 好 B 较好 C 一般 D 差
敬业精神:A 好 B 较好 C 一般 D 差
专业技能:A 好 B 较好 C 一般 D 差
团队精神:A 融入集体 B 不善于沟通
创新精神:A 善于创新 B 缺少创新
工作效果:A 胜任工作 B 还需适应

考核成绩:A 优 B 良 C 中 D 合格 E 不合格
企业指导教师签名： 年 月 日</td></tr>
<tr><td>实习单位意见</td><td colspan="6">贵单位对学校顶岗实习教学的建议：

年 月 日
(单位盖章)</td></tr>
</table>

备注:顶岗实习结束后,将此表上交系(部),作为评定顶岗实习成绩的重要依据。

表 4-3　山东水利职业学院学生顶岗实习成绩登记表

系(部)名称:

<table>
<tr><td>学生姓名</td><td colspan="2"></td><td colspan="2">专业班级</td><td colspan="2"></td><td>学号</td><td colspan="2"></td></tr>
<tr><td>实习单位及
岗位名称</td><td colspan="4"></td><td colspan="2">实习时间</td><td colspan="3">年　月　日至　　年　月　日</td></tr>
<tr><td>学院指导
教师</td><td colspan="4"></td><td colspan="2">企业指导
教师</td><td colspan="3"></td></tr>
<tr><td>学生自我
鉴定</td><td colspan="9"></td></tr>
<tr><td rowspan="3">顶岗实习综合评价</td><td colspan="3">学校指导教师
考核成绩</td><td colspan="2">企业指导教师
考核成绩</td><td colspan="2">实习周记成绩</td><td colspan="2">实习报告成绩</td></tr>
<tr><td colspan="9">说明:
1. 其中各分项成绩 A 按 95 分、B 按 85 分、C 按 75 分、D 按 65 分、E 按 55 分计;
2. 最终评定成绩 = 学校指导教师考核成绩 × 20% + 企业指导教师考核成绩 × 30% + 实习周记成绩 × 10% + 实习报告成绩 × 40%;
3. 最终评定成绩按加权平均确定,得分 90 分以上为优,80 ~ 90 分为良,70 ~ 80 分为中,60 ~ 70 分为合格,60 分以下为不合格。</td></tr>
<tr><td colspan="9">学生最终成绩等级为:

教研室主任签字:　　　　　　　　　　　　年　月　日</td></tr>
</table>

表4-4　学生顶岗实习总结报告

学生姓名　　学号　　系部　　专业　　班级
顶岗实习单位 实习目的　　顶岗工作时间　　年　月　日至　　年　月　日
学院指导教师姓名　　职务　　职称 企业指导教师姓名　　职务　　职称
实习内容
实习单位简介
实习总结(不少于8 000字) 1. 实习岗位的基本业务流程与工作要求 2. 岗位所需知识技能与自身适应情况 3. 实习过程 4. 实习任务完成情况 5. 所在岗位问题分析与建议 6. 实习感受和收获 7. 本人在职业素质和岗位综合能力等方面需要提高的内容
企业实习指导老师评定： 年　月　日
学院实习指导老师评定： 年　月　日
备注：

表 4-5　学生顶岗实习周记

时间	年　月　日至　年　月　日	编号	
本周工作主要内容			
工作、学习和生活的主要收获与体会	（字数不得少于 200 字）		
与指导教师沟通情况	本周是否和校内指导教师沟通？　□有　□没有 沟通的具体方式：□现场交流　□互联网　□电话　□其他______ 教师指导的主要内容：		
与班主任/辅导员沟通情况	本周是否和班主任/辅导员沟通？　□有　□没有 沟通的具体方式：□现场交流　□互联网　□电话　□其他______ 教师指导的主要内容：		
其他			